水利工程建设项目管理总承包(PMC)工程质量验收评定资料表格模板与指南

(上册)

王腾飞　宋慈勇　林华虎　张嘉军　寇立屹　刘　虎　刘振界　左凤霞　著

黄河水利出版社
·郑州·

图书在版编目(CIP)数据

水利工程建设项目管理总承包(PMC)工程质量验收评定资料表格模板与指南:上、中、下册/王腾飞等著.
—郑州:黄河水利出版社,2021.9
ISBN 978-7-5509-3117-6

Ⅰ.①水… Ⅱ.①王… Ⅲ.①水利工程-承包工程-工程质量-工程验收-表格 Ⅳ.①TV 512-62

中国版本图书馆 CIP 数据核字(2021)第194415号

出 版 社:黄河水利出版社
地址:河南省郑州市顺河路黄委会综合楼 14 层
网址:www. yrcp.com
邮政编码:450003
发行单位:黄河水利出版社
发行部电话:0371-66026940、66020550、66028024.66022620(传真)
E-mail:hhslcbs@ 126. com
承印单位:广东虎彩云印刷有限公司
开本:787 mm×1 092 mm 1/16
印张:90
字数:1800 千字
版次:2021 年 10 月第 1 版 印次:2021 年 10 月第 1 次印刷

定价(上、中、下三册):298.00 元

序言

随着我国改革开放的进一步深入，在国际形势的影响下，项目建设管理模式也发生了一些变化。究其发生重大改变的原因，主要是随着社会经济的不断发展，项目建设规模不断加大，复杂性也随之增加；而就企业本身的管理资源现状而言，不能完全达到项目建设管理的需求和目标。PMC 全称为 Project Management Contractor，是指项目管理承包商不直接参与项目的设计、采购、施工和试运行等阶段的具体工作，代表业主对工程项目进行全过程、全方位的项目管理，这种模式是国际上较为流行的一种对项目进行管理的模式。为此，PMC 作为一种新型的工程建设项目管理和承包模式应运而生，并且经过近些年的发展已日臻完善。水利建设项目具有规模大、周期长、技术含量高、涉及专业广、不确定因素多、风险大等特点，PMC 项目管理模式在众多大中型水利项目建设中也得到广泛采用。

质量控制是 PMC 项目管理的关键工作之一，其基础工作——施工质量的检验与评定显得尤为重要。目前水利工程施工质量评定分为单元工程、分部工程、单位工程和项目工程四级进行，单元工程质量评定作为水利工程施工质量检验与评定的基础环节，其工作质量决定了工程质量控制及分部工程、单位工程和项目工程质量的评定结果。单元工程质量评定中，质量评定标准是评定工作的前提和依据，主要包括两个方面：一是评定规范、评定标准中确定的原则（含评定程序），即主控项目、一般项目，合格、优良标准的确定等；在质量评定过程中一定要做到同一工程项目标准要明确，统一。二是质量标准的确定，质量标准既有施工规范、评定标准的要求，也有设计和合同中约定的技术指标（参数）。

作为单元工程质量评定工作的载体，评定表格的设计和填写直接影响和决定最终的评定结果。例如，百色水库灌区工程涉及的施工规范和验收评定标准不仅包含水利水电工程的，还包含房屋建筑工程、市政工程、输电线路工程、公路工程、园林绿化工、水保工程和通信工程的，而且随着新的施工规范和验收标准的出台，2016 年水利部建设与管理司发布的《水利水电工程单元工程施工质量验收评定表及填表说明》（上、下册）远远不能满足百色水库灌区工程单元工程施工质量检验与评定的需要。中水北方勘测设计研究有限责任公司作为百色水库灌区工程的项目管理总价承包单位(PMC),为了加强百色水库灌区工程的建设质量管理,保证工程施工质量,统一施工质量检验和评定标准,使施工质量检验和评定工作标准化、规范化,依托中水北方勘测设计研究有限责任公司的技术优势,组织相关专业人员,依据相关国家和行业现行施工规范和验收标准、设计指标及合同约定,并结合工程实际需要,编制了《广西桂西北治旱百色水库灌区工程管理标准——施工质量验评表格汇总》,为PMC项目管理模式提供了一套规范质量评定用表,使项目管理规范化、标准化,提升了项目档案管理水平。

作为PMC项目管理模式系列管理标准之一,本套表格已在铜仁市大兴水利枢纽工程、拉萨市拉萨河河势控导工程(滨江花园段)等多个水利工程项目建设中应用,效果良好,其中铜仁市大兴水利枢纽工程的工程档案被评为优等。

本套表格编写过程中仍存在表格不全问题,本书中未收录的表格应按相关规范、质量标准中相应的验评表执行。

本套表格与同行分享,希望能对采用PMC项目管理模式的工程项目规范化、标准化和精细化管理起到引领示范作用,同时也希望得到同行的推广运用和指导。

全书由王腾飞主持著写,总计180万字,分为上、中、下三册。其中,上册约48万字,由王腾飞、宋慈勇、林华虎、张嘉军、寇立屹、刘虎、刘振界、左凤霞著写;中册约70万字,由朱国强、孔庆峰、刘建超、沈家正、宋涛、吴文仕、孙德尧、曹阳、于茂、朱学英、陈海波、孟宪伟、殷道军、黄茜著写;下册约62万字,由王浏刘、李长春、朱金成、王冰蕾、郭巍巍、耿庆柱、杜剑葳、王美、葛现勇、韩念山、黄晶纯、主秋丽、宋冬生、刘文志、刘璐、王达、袁帅、王庆斌、尹纪华、夏强强著写。

作　者

2021年9月

序言

第1部分 工程项目施工质量评定表

第2部分 土石方工程验收评定表

第 3 部分　混凝土工程验收评定表

第 4 部分　地基处理与基础工程验收表

第 5 部分　堤防工程验收评定表

第 6 部分　水工金属结构安装工程验收表

第 7 部分 泵站设备安装工程验收评定表

第8部分　发电电气设备安装工程验收评定表

第 9 部分　升压变电电气设备安装工程验收评定表

第 10 部分　信息自动化工程验收评定表

第 11 部分　管道工程验收评定表

第 12 部分　公路工程验收评定表

第13部分　房屋建筑工程验收评定表

第 14 部分　水情、水文设施安装验收评定表

第 15 部分　绿化工程验收评定表

第 16 部分　水土保持工程验收评定表

第 17 部分　其　他

第1部分

工程项目施工质量评定表

______________工程

表 1001　水工建筑物外观质量评定表

单位工程名称			施工单位				
主要工程量			评定日期			年　月　日	
项次	项目	标准分(分)	评定得分(分)				备注
			一级 100%	二级 90%	三级 70%	四级 0	
1	建筑物外观尺寸	12					
2	轮廓线	10					
3	表面平整度	10					
4	立面垂直度	10					
5	大角方正	5					
6	曲面与平面联结	9					
7	扭面与平面联结	9					
8	马道及排水沟	3(4)					
9	梯步	2(3)					
10	栏杆	2(3)					
11	扶梯	2					
12	闸坝灯饰	2					
13	混凝土表面无缺陷	10					
14	表面钢筋割除	2(4)					
15	砌体勾缝：宽度均匀、平整	4					
16	砌体勾缝：竖缝、横缝平直	4					
17	浆砌卵石露头均匀、整齐	8					
18	变形缝	3(4)					
19	启闭平台梁、柱、排架	5					
20	建筑物表面清洁、无附首物	10					
21	升压变电工程围墙(栏栅)、杆、架、塔、柱	5					

______工程

续表 1001

项次	项目	标准分（分）	评定得分(分)				备注
			一级 100%	二级 90%	三级 70%	四级 0	
22	水工金属结构外表面	6(7)					
23	电站盘柜	7					
24	电缆线路敷设	4(5)					
25	电站油、气、水管路	3(4)					
26	厂区道路及排水沟	4					
27	厂区绿化	8					
合计		应得______分，实得______分，得分率______%					

外观质量评定组成员	单位名称		职称	签名
	项目法人			
	PMC 项目管理单位			
	监理单位			
	设计单位			
	施工单位			
	运行管理单位			

工程质量监督机构	核定意见： 核定人：（盖公章） 年 月 日

注：量大时，标准分采用括号内数值。

______________工程

表 1002 明(暗)渠工程外观质量评定表

<table>
<tr><td colspan="2">单位工程名称</td><td colspan="2"></td><td colspan="2">施工单位</td><td colspan="3"></td></tr>
<tr><td colspan="2">主要工程量</td><td colspan="2"></td><td colspan="2">评定日期</td><td colspan="3">年 月 日</td></tr>
<tr><td rowspan="2">项次</td><td rowspan="2">项目</td><td rowspan="2">标准分(分)</td><td colspan="4">评定得分(分)</td><td rowspan="2" colspan="2">备注</td></tr>
<tr><td>一级 100%</td><td>二级 90%</td><td>三级 70%</td><td>四级 0</td></tr>
<tr><td>1</td><td>外部尺寸</td><td>10</td><td></td><td></td><td></td><td></td><td colspan="2"></td></tr>
<tr><td>2</td><td>轮廓线</td><td>10</td><td></td><td></td><td></td><td></td><td colspan="2"></td></tr>
<tr><td>3</td><td>表面平整度</td><td>10</td><td></td><td></td><td></td><td></td><td colspan="2"></td></tr>
<tr><td>4</td><td>曲面与平面联结</td><td>3</td><td></td><td></td><td></td><td></td><td colspan="2"></td></tr>
<tr><td>5</td><td>扭面与平面联结</td><td>3</td><td></td><td></td><td></td><td></td><td colspan="2"></td></tr>
<tr><td>6</td><td>渠坡、渠底衬砌</td><td>10</td><td></td><td></td><td></td><td></td><td colspan="2"></td></tr>
<tr><td>7</td><td>变形缝、结构缝</td><td>6</td><td></td><td></td><td></td><td></td><td colspan="2"></td></tr>
<tr><td>8</td><td>渠顶路面及排水沟</td><td>8</td><td></td><td></td><td></td><td></td><td colspan="2"></td></tr>
<tr><td>9</td><td>渠顶以上边坡</td><td>6</td><td></td><td></td><td></td><td></td><td colspan="2"></td></tr>
<tr><td>10</td><td>戗台及排水沟</td><td>5</td><td></td><td></td><td></td><td></td><td colspan="2"></td></tr>
<tr><td>11</td><td>沿渠小建筑物</td><td>5</td><td></td><td></td><td></td><td></td><td colspan="2"></td></tr>
<tr><td>12</td><td>梯步</td><td>3</td><td></td><td></td><td></td><td></td><td colspan="2"></td></tr>
<tr><td>13</td><td>弃渣堆放</td><td>5</td><td></td><td></td><td></td><td></td><td colspan="2"></td></tr>
<tr><td>14</td><td>绿化</td><td>10</td><td></td><td></td><td></td><td></td><td colspan="2"></td></tr>
<tr><td>15</td><td>原状岩土面完整性</td><td>3</td><td></td><td></td><td></td><td></td><td colspan="2"></td></tr>
<tr><td colspan="2">合计</td><td colspan="7">应得______分,实得______分,得分率______%</td></tr>
<tr><td rowspan="7">外观质量评定组成员</td><td colspan="3">单位名称</td><td colspan="3">职称</td><td colspan="2">签名</td></tr>
<tr><td>项目法人</td><td colspan="2"></td><td colspan="3"></td><td colspan="2"></td></tr>
<tr><td>PMC 项目管理单位</td><td colspan="2"></td><td colspan="3"></td><td colspan="2"></td></tr>
<tr><td>监理单位</td><td colspan="2"></td><td colspan="3"></td><td colspan="2"></td></tr>
<tr><td>设计单位</td><td colspan="2"></td><td colspan="3"></td><td colspan="2"></td></tr>
<tr><td>施工单位</td><td colspan="2"></td><td colspan="3"></td><td colspan="2"></td></tr>
<tr><td>运行管理单位</td><td colspan="2"></td><td colspan="3"></td><td colspan="2"></td></tr>
<tr><td colspan="2">工程质量监督机构</td><td colspan="7">核定意见:

核定人: （盖公章）
年 月 日</td></tr>
</table>

______________工程

表 1003 引水(渠道)建筑物工程外观质量评定表

单位工程名称		施工单位	
主要工程量		评定日期	年 月 日

项次	项目	标准分(分)	评定得分(分)				备注
			一级 100%	二级 90%	三级 70%	四级 0	
1	外部尺寸	12					
2	轮廓线	10					
3	表面平整度	10					
4	立面垂直度	10					
5	大角方正	5					
6	曲面与平面联结	8					
7	扭面与平面联结	8					
8	梯步	4					
9	栏杆	4(6)					
10	灯饰	2(4)					
11	变形缝、结构缝	3					
12	砌体	6(8)					
13	排水工程	3					
14	建筑物表面	5					
15	混凝土表面	5					
16	表面钢筋切割	4					
17	水工金属结构表面	6					
18	管线(路)及电气设备	4					
19	房屋建筑安装工程	6(8)					
20	绿化	8					
合计		应得______分,实得______分,得分率______%					

外观质量评定组成员		单位名称	职称	签名
	项目法人			
	PMC 项目管理单位			
	监理单位			
	设计单位			
	施工单位			
	运行管理单位			

工程质量监督机构	核定意见: 核定人: (盖公章) 年 月 日

注:量大时,标准分采用括号内数值。

______________工程

表 1004　房屋建筑工程外观质量评定表

单位工程名称		分部工程名称		施工单位	
结构类型		建筑面积		评定日期	年　月　日

项次	项目		抽查质量状况										质量评价		
													好	一般	差
1	建筑与结构	室外墙面													
2		变形缝													
3		水落管、屋面													
4		室内墙面													
5		室内顶棚													
6		室内地面													
7		楼梯、踏步、护栏													
8		门窗													
1	给排水采暖	管道接口、坡度、支架													
2		卫生器具、支架、阀门													
3		检查口、扫除口、地漏													
4		散热器、支架													
1	建筑电气	配电箱、盘、板、接线盒													
2		设备器具、开关、插座													
3		防雷、接地													
1	通风与空调	风管、支架													
2		风口、风阀													
3		风机、空调设备													
4		阀门、支架													
5		水泵、冷却塔													
6		绝热													

________________工程

续表 1004

<table>
<tr><td rowspan="2">项次</td><td rowspan="2" colspan="2">项目</td><td rowspan="2" colspan="10">抽查质量状况</td><td colspan="3">质量评价</td></tr>
<tr><td>好</td><td>一般</td><td>差</td></tr>
<tr><td>1</td><td rowspan="3">电梯</td><td>运行、平层、开关门</td><td></td><td></td><td></td><td></td><td></td><td></td><td></td><td></td><td></td><td></td><td></td><td></td><td></td></tr>
<tr><td>2</td><td>层门、信号系统</td><td></td><td></td><td></td><td></td><td></td><td></td><td></td><td></td><td></td><td></td><td></td><td></td><td></td></tr>
<tr><td>3</td><td>机房</td><td></td><td></td><td></td><td></td><td></td><td></td><td></td><td></td><td></td><td></td><td></td><td></td><td></td></tr>
<tr><td>1</td><td rowspan="2">智能建筑</td><td>机房设备安装及布局</td><td></td><td></td><td></td><td></td><td></td><td></td><td></td><td></td><td></td><td></td><td></td><td></td><td></td></tr>
<tr><td>2</td><td>现场设备安装</td><td></td><td></td><td></td><td></td><td></td><td></td><td></td><td></td><td></td><td></td><td></td><td></td><td></td></tr>
<tr><td colspan="3">外观质量综合评价</td><td colspan="13"></td></tr>
</table>

<table>
<tr><td rowspan="12">外观质量评定组成员</td><td colspan="2">单位名称</td><td>职称</td><td>签名</td></tr>
<tr><td rowspan="2">项目法人</td><td rowspan="2"></td><td></td><td></td></tr>
<tr><td></td><td></td></tr>
<tr><td rowspan="2">PMC 项目管理单位</td><td rowspan="2"></td><td></td><td></td></tr>
<tr><td></td><td></td></tr>
<tr><td rowspan="2">监理单位</td><td rowspan="2"></td><td></td><td></td></tr>
<tr><td></td><td></td></tr>
<tr><td rowspan="2">设计单位</td><td rowspan="2"></td><td></td><td></td></tr>
<tr><td></td><td></td></tr>
<tr><td rowspan="2">施工单位</td><td rowspan="2"></td><td></td><td></td></tr>
<tr><td></td><td></td></tr>
<tr><td>运行管理单位</td><td></td><td></td><td></td></tr>
<tr><td colspan="2">工程质量监督机构</td><td colspan="3">核定意见：

核定人：　　　　　　（盖公章）
年　月　日</td></tr>
</table>

注：外观质量综合评价为“差”的项目，应进行返修。

______________工程

表 1005　重要隐蔽单元工程(关键部位单元工程)质量等级签证表

<table>
<tr><td colspan="2">单位工程名称</td><td colspan="2"></td><td>单元工程量</td><td></td></tr>
<tr><td colspan="2">分部工程名称</td><td colspan="2"></td><td>施工单位</td><td></td></tr>
<tr><td colspan="2">单元工程名称、部位</td><td colspan="2"></td><td>自评日期</td><td>年　月　日</td></tr>
<tr><td colspan="2">施工单位
自评意见</td><td colspan="4">1.自评意见:
2.自评质量等级:
终检人员:</td></tr>
<tr><td colspan="2">监理单位
抽查意见</td><td colspan="4">抽查意见:
监理工程师:</td></tr>
<tr><td colspan="2">联合小组
核定意见</td><td colspan="4">1.核定意见:
2.质量等级:
年　月　日</td></tr>
<tr><td colspan="2">保留意见</td><td colspan="4">(签名)</td></tr>
<tr><td colspan="2">备查资料
清　　单</td><td colspan="4">□　1.地质编录
□　2.测量成果
□　3.检测试验报告(岩芯试验、软基承载力试验、结构强度等)
□　4.影像资料
□　5.其他(　　　　　　　　　　　　)</td></tr>
<tr><td rowspan="13">联合小组成员</td><td colspan="3">单位名称</td><td>职务、职称</td><td>签名</td></tr>
<tr><td rowspan="2">项目法人</td><td colspan="2" rowspan="2"></td><td></td><td></td></tr>
<tr><td></td><td></td></tr>
<tr><td rowspan="2">PMC 项目管理单位</td><td colspan="2" rowspan="2"></td><td></td><td></td></tr>
<tr><td></td><td></td></tr>
<tr><td rowspan="2">监理单位</td><td colspan="2" rowspan="2"></td><td></td><td></td></tr>
<tr><td></td><td></td></tr>
<tr><td rowspan="2">设计单位</td><td colspan="2" rowspan="2"></td><td></td><td></td></tr>
<tr><td></td><td></td></tr>
<tr><td rowspan="2">施工单位</td><td colspan="2" rowspan="2"></td><td></td><td></td></tr>
<tr><td></td><td></td></tr>
<tr><td rowspan="2">运行管理单位</td><td colspan="2" rowspan="2"></td><td></td><td></td></tr>
<tr><td></td><td></td></tr>
</table>

注:重要隐蔽单元工程验收时,设计单位应同时派地质工程师参加。本表所填“单元工程量”不作为施工单位工程量结算计量的依据。备查资料清单中凡涉及到的项目应在“□”内打“√”,如有其他资料应在括号内注明资料的名称。本签证表应报质量监督机构核备。

________________工程

表 1006　分部工程施工质量评定表

<table>
<tr><td colspan="2">单位工程名称</td><td colspan="2"></td><td>施工单位</td><td colspan="2"></td></tr>
<tr><td colspan="2">分部工程名称</td><td colspan="2"></td><td>施工日期</td><td colspan="2">年　月　日至　　年　月　日</td></tr>
<tr><td colspan="2">分部工程量</td><td colspan="2"></td><td>评定日期</td><td colspan="2">年　月　日</td></tr>
<tr><td>项次</td><td>单元工程类别</td><td>工程量</td><td>单元工程个数</td><td>合格个数</td><td>其中优良个数</td><td>备注</td></tr>
<tr><td>1</td><td></td><td></td><td></td><td></td><td></td><td></td></tr>
<tr><td>2</td><td></td><td></td><td></td><td></td><td></td><td></td></tr>
<tr><td>3</td><td></td><td></td><td></td><td></td><td></td><td></td></tr>
<tr><td>4</td><td></td><td></td><td></td><td></td><td></td><td></td></tr>
<tr><td>5</td><td></td><td></td><td></td><td></td><td></td><td></td></tr>
<tr><td>6</td><td></td><td></td><td></td><td></td><td></td><td></td></tr>
<tr><td colspan="2">合计</td><td></td><td></td><td></td><td></td><td></td></tr>
<tr><td colspan="2">重要隐蔽单元工程、
关键部位单元工程</td><td></td><td></td><td></td><td></td><td></td></tr>
<tr><td colspan="2">施工单位自评意见</td><td colspan="2">监理单位复核意见</td><td colspan="2">PMC 项目管理单位复核意见</td><td>项目法人认定意见</td></tr>
<tr><td colspan="2">本分部工程的单元工程质量全部合格，优良率为____%。重要隐蔽工程及关键部位单元工程____个，优良率为____%。其中，原材料质量____，中间产品质量____，金属结构及启闭机质量____，机电产品质量____。质量事故及质量缺陷处理情况：

分部工程质量等级：

评定人：

项目技术负责人：
（盖公章）
年　月　日</td><td colspan="2">复核意见：

分部工程质量等级：

监理工程师：
年　月　日

总监或副总监：

（盖公章）
年　月　日</td><td colspan="2">复核意见：

分部工程质量等级：

现场代表：
年　月　日

技术负责人：

（盖公章）
年　月　日</td><td>认定意见：

分部工程质量等级：

现场代表：
年　月　日

技术负责人：

（盖公章）
年　月　日</td></tr>
<tr><td colspan="2">工程质量监督机构</td><td colspan="5">核定（备）意见：

核定等级：　　　　核定（备）人：　　　　负责人：
年　月　日　　　　年　月　日</td></tr>
</table>

注：分部工程验收的质量结论，由项目法人报工程质量监督机构核备。大型水利枢纽工程主要建筑物的分部工程验收的质量结论，由项目法人报工程质量监督机构核定。本表所填“分部工程量”不作为施工单位工程量结算计量的依据。

________________工程

表 1007　单位工程施工质量评定表

工程项目名称		施工单位	
单位工程名称		施工日期	年　月　日至　年　月　日
单位工程量		评定日期	年　月　日

序号	分部工程名称	质量等级		序号	分部工程名称	质量等级	
		合格	优良			合格	优良
1				11			
2				12			
3				13			
4				14			
5				15			
6				16			
7				17			
8				18			
9				19			
10				20			

分部工程共________个,全部合格,其中优良________个,优良率________%,主要分部工程优良率________%

外观质量	应得________分,实得________分,得分率________%
施工质量检验资料	
质量事故处理情况	
观测资料分析结论	

施工单位自评等级:	监理单位复核等级:	PMC 项目管理单位复核等级:	项目法人认定等级:	工程质量监督机构核备等级:
评定人:	复核人:	复核人:	认定人:	核定人:
项目经理:	总监或副总监:	项目负责人:	单位负责人:	机构负责人:
(盖公章) 年　月　日	(盖公章) 年　月　日	(盖公章) 年　月　日	(盖公章) 年　月　日	(盖公章) 年　月　日

注:本表所填“单元工程量”不作为施工单位工程量结算计量的依据。

______________工程

表 1008　单位工程施工质量检验资料核查表

<table>
<tr><td colspan="2" rowspan="2">单位工程名称</td><td rowspan="2"></td><td>施工单位</td><td></td></tr>
<tr><td>核定日期</td><td>年　月　日</td></tr>
<tr><td>项次</td><td colspan="2">项目</td><td>份数</td><td>核查情况</td></tr>
<tr><td>1</td><td rowspan="11">原材料</td><td>水泥出厂合格证、厂家试验报告</td><td></td><td rowspan="11"></td></tr>
<tr><td>2</td><td>钢材出厂合格证、厂家试验报告</td><td></td></tr>
<tr><td>3</td><td>外加剂出厂合格证及技术性能指标</td><td></td></tr>
<tr><td>4</td><td>粉煤灰出厂合格证及技术性能指标</td><td></td></tr>
<tr><td>5</td><td>防水材料出厂合格证、厂家试验报告</td><td></td></tr>
<tr><td>6</td><td>止水带出厂合格证及技术性能试验报告</td><td></td></tr>
<tr><td>7</td><td>土工布出厂合格证及技术性能试验报告</td><td></td></tr>
<tr><td>8</td><td>装饰材料出厂合格证及有关技术性能资料</td><td></td></tr>
<tr><td>9</td><td>水泥复验报告及统计资料</td><td></td></tr>
<tr><td>10</td><td>钢材复验报告及统计资料</td><td></td></tr>
<tr><td>11</td><td>其他原材料出厂合格证及技术性能资料</td><td></td></tr>
<tr><td>12</td><td rowspan="6">中间产品</td><td>砂、石骨料试验资料</td><td></td><td rowspan="6"></td></tr>
<tr><td>13</td><td>石料试验资料</td><td></td></tr>
<tr><td>14</td><td>混凝土拌和物检查资料</td><td></td></tr>
<tr><td>15</td><td>混凝土试件统计资料</td><td></td></tr>
<tr><td>16</td><td>砂浆拌和物及试件统计资料</td><td></td></tr>
<tr><td>17</td><td>混凝土预制件(块)检验资料</td><td></td></tr>
<tr><td>18</td><td rowspan="10">金属结构及启闭机</td><td>拦污栅出厂合格证及有关技术文件</td><td></td><td rowspan="10"></td></tr>
<tr><td>19</td><td>闸门出厂合格证及有关技术文件</td><td></td></tr>
<tr><td>20</td><td>启闭机出厂合格证及有关技术文件</td><td></td></tr>
<tr><td>21</td><td>压力钢管生产许可证及有关技术文件</td><td></td></tr>
<tr><td>22</td><td>闸门、拦污栅安装测量记录</td><td></td></tr>
<tr><td>23</td><td>压力钢管安装测量记录</td><td></td></tr>
<tr><td>24</td><td>启闭机安装测量记录</td><td></td></tr>
<tr><td>25</td><td>焊接记录及探伤报告</td><td></td></tr>
<tr><td>26</td><td>焊工资质证明材料(复印件)</td><td></td></tr>
<tr><td>27</td><td>运行试验记录</td><td></td></tr>
</table>

______________工程

续表 1008

项次	项目		份数	核查情况
28	机电设备	产品出厂合格证、厂家提交的安装说明书及有关文件		
29		重大设备质量缺陷处理资料		
30		水轮发电机组安装测量记录		
31		升压变电设备安装测量记录		
32		电气设备安装测量记录		
33		焊缝探伤报告及焊工资质证明		
34		机组调试及试验记录		
35		水力机械辅助设备试验记录		
36		发电电气设备试验记录		
37		升压变电电气设备检测试验报告		
38		管道试验记录		
39		72 h 试运行记录		
40	重要隐蔽工程施工记录	灌浆记录、图表		
41		造孔灌注桩施工记录、图表		
42		振冲桩振冲记录		
43		基础排水工程施工记录		
44		地下防渗墙施工记录		
45		主要建筑物地基开挖处理记录		
46		其他重要施工记录		
47	综合资料	质量事故调查及处理报告、重大缺陷处理检查记录		
48		工程试运行期观测资料		
49		工序、单元工程质量评定表		
50		分部、单位工程质量评定表		

施工单位自检意见	监理单位复查结论	PMC 项目管理单位复查结论
自查： 填表人： 质检部门负责人： （盖公章） 年 月 日	复查： 监理工程师： 监理单位： （盖公章） 年 月 日	复查： 技术负责人： PMC 项目管理单位： （盖公章） 年 月 日

______________工程

表 1009　工程项目施工质量评定表

<table>
<tr><td colspan="2">工程项目名称</td><td colspan="3"></td><td colspan="2">项目法人</td><td colspan="3"></td></tr>
<tr><td colspan="2">工程等级</td><td colspan="3"></td><td colspan="2">设计单位</td><td colspan="3"></td></tr>
<tr><td colspan="2">建设地点</td><td colspan="3"></td><td colspan="2">PMC 项目
管理单位</td><td colspan="3"></td></tr>
<tr><td colspan="2">主要工程量</td><td colspan="3"></td><td colspan="2">监理单位</td><td colspan="3"></td></tr>
<tr><td colspan="2">开工、竣工日期</td><td colspan="3">年　月　日至　　年　月　日</td><td colspan="2">施工单位</td><td colspan="3"></td></tr>
<tr><td colspan="2">评定日期</td><td colspan="8">年　月　日</td></tr>
<tr><td rowspan="2">序号</td><td rowspan="2">单位工程名称</td><td colspan="3">单元工程质量统计</td><td colspan="3">分部工程质量统计</td><td rowspan="2">单位工程
质量等级</td><td rowspan="2">备注</td></tr>
<tr><td>数量
（个）</td><td>其中优良
（个）</td><td>优良率
（%）</td><td>数量
（个）</td><td>其中优良
（个）</td><td>优良率
（%）</td></tr>
<tr><td>1</td><td></td><td></td><td></td><td></td><td></td><td></td><td></td><td></td><td rowspan="11">主要单位工程加△</td></tr>
<tr><td>2</td><td></td><td></td><td></td><td></td><td></td><td></td><td></td><td></td></tr>
<tr><td>3</td><td></td><td></td><td></td><td></td><td></td><td></td><td></td><td></td></tr>
<tr><td>4</td><td></td><td></td><td></td><td></td><td></td><td></td><td></td><td></td></tr>
<tr><td>5</td><td></td><td></td><td></td><td></td><td></td><td></td><td></td><td></td></tr>
<tr><td>6</td><td></td><td></td><td></td><td></td><td></td><td></td><td></td><td></td></tr>
<tr><td>7</td><td></td><td></td><td></td><td></td><td></td><td></td><td></td><td></td></tr>
<tr><td>8</td><td></td><td></td><td></td><td></td><td></td><td></td><td></td><td></td></tr>
<tr><td>9</td><td></td><td></td><td></td><td></td><td></td><td></td><td></td><td></td></tr>
<tr><td>10</td><td></td><td></td><td></td><td></td><td></td><td></td><td></td><td></td></tr>
<tr><td colspan="2">单元工程、分部工程合计</td><td></td><td></td><td></td><td></td><td></td><td></td><td></td></tr>
<tr><td colspan="2">评定结果</td><td colspan="8">本项目有单位工程________个，质量全部合格。其中优良单位工程________个，优良率________%，主要建筑物单位工程优良率________%</td></tr>
<tr><td colspan="2">观测资料
分析结论</td><td colspan="8"></td></tr>
</table>

<table>
<tr><td>监理单位意见</td><td>PMC 项目管理单位意见</td><td>项目法人意见</td><td>工程质量监督机构核备意见</td></tr>
<tr><td>工程项目质量等级：

总监理工程师：

监理单位：

（盖公章）
年　月　日</td><td>工程项目质量等级：

项目负责人：

PMC 项目管理单位：

（盖公章）
年　月　日</td><td>工程项目质量等级：

法定代表人：

项目法人：

（盖公章）
年　月　日</td><td>工程项目质量等级：

负责人：

工程质量监督机构：

（盖公章）
年　月　日</td></tr>
</table>

第2部分
土石方工程验收评定表

第1章　明挖工程

表2101　土方开挖单元工程施工质量验收评定表

表2102　岩石岸坡开挖单元工程施工质量验收评定表

表2103　岩石地基开挖单元工程施工质量验收评定表

________________工程

表 2101　土方开挖单元工程施工质量验收评定表

<table>
<tr><td colspan="2">单位工程名称</td><td></td><td>单元工程量</td><td></td></tr>
<tr><td colspan="2">分部工程名称</td><td></td><td>施工单位</td><td></td></tr>
<tr><td colspan="2">单元工程名称、部位</td><td></td><td>施工日期</td><td>年　月　日至　　年　月　日</td></tr>
<tr><td>项次</td><td>工序名称(或编号)</td><td colspan="3">工序质量验收评定等级</td></tr>
<tr><td>1</td><td>表土及土质岸坡清理</td><td colspan="3"></td></tr>
<tr><td>2</td><td>△软基或土质岸坡开挖</td><td colspan="3"></td></tr>
<tr><td>施工单位自评意见</td><td colspan="4">各工序施工质量全部合格,其中优良工序占________%,且主要工序达到________等级;各项报验资料________SL 631—2012 的要求。
单元工程质量等级评定为:______________。
(签字,加盖公章)　　年　月　日</td></tr>
<tr><td>监理单位复核意见</td><td colspan="4">经抽查并查验相关检验报告和检验资料,各工序施工质量全部合格,其中优良工序占________%,且主要工序达到________等级;各项报验资料________SL 631—2012 的要求。
单元工程质量等级评定为:______________。
(签字,加盖公章)　　年　月　日</td></tr>
</table>

注:1.本表所填“单元工程量”不作为施工单位工程量结算计量的依据。

2.本表中“△”表示为主要工序。

______________工程

表 2101.1　表土及土质岸坡清理工序施工质量验收评定表

<table>
<tr><td colspan="4">单位工程名称</td><td></td><td>工序编号</td><td colspan="2"></td></tr>
<tr><td colspan="4">分部工程名称</td><td></td><td>施工单位</td><td colspan="2"></td></tr>
<tr><td colspan="4">单元工程名称、部位</td><td></td><td>施工日期</td><td colspan="2">年　月　日至　　年　月　日</td></tr>
<tr><td colspan="2">项次</td><td colspan="2">检验项目</td><td>质量要求</td><td>检查记录</td><td>合格数</td><td>合格率</td></tr>
<tr><td rowspan="3">主控项目</td><td>1</td><td colspan="2">表土清理</td><td>树木、草皮、树根、乱石、坟墓以及各种建筑物全部清除；水井、泉眼、地道、坑窖等洞穴的处理符合设计要求</td><td></td><td></td><td></td></tr>
<tr><td>2</td><td colspan="2">不良土质的处理</td><td>淤泥、腐殖质土、泥炭土全部清除；风化岩石、坡积物、残积物、滑坡体、粉土、细砂等的处理符合设计要求</td><td></td><td></td><td></td></tr>
<tr><td>3</td><td colspan="2">地质坑、孔处理</td><td>构筑物基础区范围内的地质探孔、竖井、试坑的处理符合设计要求；回填材料质量满足设计要求</td><td></td><td></td><td></td></tr>
<tr><td rowspan="3">一般项目</td><td rowspan="2">1</td><td rowspan="2">清理范围</td><td>人工施工</td><td>满足设计要求，长、宽边线允许偏差 0~50 cm</td><td></td><td></td><td></td></tr>
<tr><td>机械施工</td><td>满足设计要求，长、宽边线允许偏差 0~100 cm</td><td></td><td></td><td></td></tr>
<tr><td>2</td><td colspan="2">土质岸边坡度</td><td>不陡于设计边坡</td><td></td><td></td><td></td></tr>
<tr><td colspan="2">施工单位自评意见</td><td colspan="6">主控项目检验点全部合格，一般项目逐项检验点的合格率均不小于_______%，且不合格检验点不集中分布；各项报验资料_______SL 631—2012 的要求。

工序质量等级评定为：______________。

（签字，加盖公章）　　　　年　月　日</td></tr>
<tr><td colspan="2">监理单位复核意见</td><td colspan="6">经复核，主控项目检验点全部合格，一般项目逐项检验点的合格率均不小于_______%，且不合格检验点不集中分布；各项报验资料_______SL 631—2012 的要求。

工序质量等级评定为：______________。

（签字，加盖公章）　　　　年　月　日</td></tr>
</table>

________________工程

表 2101.2 软基或土质岸坡开挖工序施工质量验收评定表

<table>
<tr><td colspan="3">单位工程名称</td><td colspan="2"></td><td>工序编号</td><td colspan="3"></td></tr>
<tr><td colspan="3">分部工程名称</td><td colspan="2"></td><td>施工单位</td><td colspan="3"></td></tr>
<tr><td colspan="3">单元工程名称、部位</td><td colspan="2"></td><td>施工日期</td><td colspan="3">年 月 日至 年 月 日</td></tr>
<tr><td colspan="2">项次</td><td>检验项目</td><td colspan="3">质量标准</td><td>检查记录</td><td>合格数</td><td>合格率</td></tr>
<tr><td rowspan="3">主控项目</td><td>1</td><td>保护层开挖</td><td colspan="3">保护层开挖方式应符合设计要求，在接近建基面时，宜使用小型机具或人工挖除，不宜扰动建基面以下的原地基</td><td></td><td></td><td></td></tr>
<tr><td>2</td><td>建基面处理</td><td colspan="3">构筑物软基和土质岸坡开挖面平顺。软基或土质岸坡与土质构筑物接触时，采用斜面连接，无台阶、急剧变坡及反坡</td><td></td><td></td><td></td></tr>
<tr><td>3</td><td>渗水处理</td><td colspan="3">构筑物基础区及土质岸坡渗水（含泉眼）妥善引排或封堵，建基面清洁无积水</td><td></td><td></td><td></td></tr>
<tr><td rowspan="8">一般项目</td><td rowspan="8">1</td><td rowspan="8">基坑断面尺寸及开挖面平整度</td><td rowspan="4">无结构要求或无配筋预埋件</td><td>长或宽不大于 10 m</td><td>符合设计要求，允许偏差 −10～20 cm</td><td></td><td></td><td></td></tr>
<tr><td>长或宽大于 10 m</td><td>符合设计要求，允许偏差 −20～30 cm</td><td></td><td></td><td></td></tr>
<tr><td>坑（槽）底部标高</td><td>符合设计要求，允许偏差 −10～20 cm</td><td></td><td></td><td></td></tr>
<tr><td>垂直面或斜面平整度</td><td>符合设计要求，允许偏差 20 cm</td><td></td><td></td><td></td></tr>
<tr><td rowspan="4">有结构要求或有配筋预埋件</td><td>长或宽不大于 10 m</td><td>符合设计要求，允许偏差 0～20 cm</td><td></td><td></td><td></td></tr>
<tr><td>长或宽大于 10 m</td><td>符合设计要求，允许偏差 0～30 cm</td><td></td><td></td><td></td></tr>
<tr><td>坑（槽）底部标高</td><td>符合设计要求，允许偏差 0～20 cm</td><td></td><td></td><td></td></tr>
<tr><td>垂直面或斜面平整度</td><td>符合设计要求，允许偏差 15 cm</td><td></td><td></td><td></td></tr>
<tr><td colspan="2">施工单位自评意见</td><td colspan="7">主控项目检验点 100%合格，一般项目逐项检验点的合格率______%，且不合格检验点不集中分布。
工序质量等级评定为：______________。
（签字，加盖公章） 年 月 日</td></tr>
<tr><td colspan="2">监理单位复核意见</td><td colspan="7">经复核，主控项目检验点 100%合格，一般项目逐项检验点的合格率______%，且不合格检验点不集中分布。
工序质量等级评定为：______________。
（签字，加盖公章） 年 月 日</td></tr>
</table>

注：“+”表示超挖；“−”表示欠挖。

______________工程

表 2102　岩石岸坡开挖单元工程施工质量验收评定表

<table>
<tr><td>单位工程名称</td><td></td><td>单元工程量</td><td></td></tr>
<tr><td>分部工程名称</td><td></td><td>施工单位</td><td></td></tr>
<tr><td>单元工程名称、部位</td><td></td><td>施工日期</td><td>年　月　日至　　年　月　日</td></tr>
<tr><td>项次</td><td>工序名称(或编号)</td><td colspan="2">工序质量验收评定等级</td></tr>
<tr><td>1</td><td>△岩石岸坡开挖</td><td colspan="2"></td></tr>
<tr><td>2</td><td>地质缺陷处理</td><td colspan="2"></td></tr>
<tr><td>施工单位自评意见</td><td colspan="3">各工序施工质量全部合格,其中优良工序占______%,且主要工序达到______等级;各项报验资料______SL 631—2012 的要求。
单元工程质量等级评定为:____________。
(签字,加盖公章)　　　年　月　日</td></tr>
<tr><td>监理单位复核意见</td><td colspan="3">经抽查并查验相关检验报告和检验资料,各工序施工质量全部合格,其中优良工序占______%,且主要工序达到______等级;各项报验资料______ SL 631—2012 的要求。
单元工程质量等级评定为:____________。
(签字,加盖公章)　　　年　月　日</td></tr>
</table>

注:1.本表所填“单元工程量”不作为施工单位工程量结算计量的依据。

2.本表中“△”为主要工序。

______________工程

表2102.1 岩石岸坡开挖工序施工质量验收评定表

<table>
<tr><td colspan="3">单位工程名称</td><td></td><td>工序编号</td><td colspan="2"></td></tr>
<tr><td colspan="3">分部工程名称</td><td></td><td>施工单位</td><td colspan="2"></td></tr>
<tr><td colspan="3">单元工程名称、部位</td><td></td><td>施工日期</td><td colspan="2">年 月 日至 年 月 日</td></tr>
<tr><td colspan="2">项次</td><td>检验项目</td><td>质量要求</td><td>检查记录</td><td>合格数</td><td>合格率</td></tr>
<tr><td rowspan="3">主控项目</td><td>1</td><td>保护层开挖</td><td>浅孔、密孔,少药量,控制爆破</td><td></td><td></td><td></td></tr>
<tr><td>2</td><td>开挖坡面</td><td>稳定且无松动岩块、悬挂体和尖角</td><td></td><td></td><td></td></tr>
<tr><td>3</td><td>岩体的完整性</td><td>爆破未损害岩体的完整性,开挖面无明显爆破裂隙,声波降低率小于10%或满足设计要求</td><td></td><td></td><td></td></tr>
<tr><td rowspan="6">一般项目</td><td>1</td><td>平均坡度</td><td>开挖坡面不陡于设计坡度,台阶(平台、马道)符合设计要求</td><td></td><td></td><td></td></tr>
<tr><td>2</td><td>坡脚标高</td><td>±20 cm</td><td></td><td></td><td></td></tr>
<tr><td>3</td><td>坡面局部超欠挖</td><td>允许偏差:欠挖不大于20 cm,超挖不大于30 cm</td><td></td><td></td><td></td></tr>
<tr><td rowspan="3">4</td><td>炮孔痕迹保存率 节理裂隙不发育的岩体</td><td>>80%</td><td></td><td></td><td></td></tr>
<tr><td>炮孔痕迹保存率 节理裂隙发育的岩体</td><td>>50%</td><td></td><td></td><td></td></tr>
<tr><td>炮孔痕迹保存率 节理裂隙极发育的岩体</td><td>>20%</td><td></td><td></td><td></td></tr>
<tr><td colspan="2">施工单位自评意见</td><td colspan="5">主控项目检验点全部合格,一般项目逐项检验点的合格率均不小于______%,且不合格检验点不集中分布;各项报验资料______SL 631—2012的要求。
工序质量等级评定为:______________。
(签字,加盖公章) 年 月 日</td></tr>
<tr><td colspan="2">监理单位复核意见</td><td colspan="5">经复核,主控项目检验点全部合格,一般项目逐项检验点的合格率均不小于______%,且不合格检验点不集中分布;各项报验资料______SL 631—2012的要求。
工序质量等级评定为:______________。
(签字,加盖公章) 年 月 日</td></tr>
</table>

注:"+"表示超挖;"-"表示欠挖。

______________工程

表 2102.2　地质缺陷处理工序施工质量验收评定表

<table>
<tr><td colspan="3">单位工程名称</td><td></td><td>工序编号</td><td colspan="3"></td></tr>
<tr><td colspan="3">分部工程名称</td><td></td><td>施工单位</td><td colspan="3"></td></tr>
<tr><td colspan="3">单元工程名称、部位</td><td></td><td>施工日期</td><td colspan="3">年　月　日至　　年　月　日</td></tr>
<tr><td colspan="2">项次</td><td>检验项目</td><td>质量要求</td><td colspan="2">检查记录</td><td>合格数</td><td>合格率</td></tr>
<tr><td rowspan="4">主控项目</td><td>1</td><td>地质探孔、竖井、平洞、试坑处理</td><td>符合设计要求</td><td colspan="2"></td><td></td><td></td></tr>
<tr><td>2</td><td>地质缺陷处理</td><td>节理、裂隙、断层、夹层或构造破碎带的处理符合设计要求</td><td colspan="2"></td><td></td><td></td></tr>
<tr><td>3</td><td>缺陷处理采用材料</td><td>材料质量满足设计要求</td><td colspan="2"></td><td></td><td></td></tr>
<tr><td>4</td><td>渗水处理</td><td>地基及岸坡的渗水(含泉眼)已引排或封堵,岩面整洁、无积水</td><td colspan="2"></td><td></td><td></td></tr>
<tr><td>一般项目</td><td>1</td><td>地质缺陷处理范围</td><td>地质缺陷处理的宽度和深度符合设计要求;地基及岸坡岩石断层、破碎带的沟槽开挖边坡稳定,无反坡,无浮石;节理、裂隙内的充填物冲洗干净</td><td colspan="2"></td><td></td><td></td></tr>
<tr><td colspan="2">施工单位自评意见</td><td colspan="6">主控项目检验点全部合格,一般项目逐项检验点的合格率均不小于_______%,且不合格检验点不集中分布;各项报验资料_______SL 631—2012 的要求。

工序质量等级评定为:______________。

(签字,加盖公章)　　　　年　月　日</td></tr>
<tr><td colspan="2">监理单位复核意见</td><td colspan="6">经复核,主控项目检验点全部合格,一般项目逐项检验点的合格率均不小于_______%,且不合格检验点不集中分布;各项报验资料_______SL 631—2012 的要求。

工序质量等级评定为:______________。

(签字,加盖公章)　　　　年　月　日</td></tr>
</table>

________工程

表 2103　岩石地基开挖单元工程施工质量验收评定表

<table>
<tr><td colspan="2">单位工程名称</td><td></td><td>单元工程量</td><td></td></tr>
<tr><td colspan="2">分部工程名称</td><td></td><td>施工单位</td><td></td></tr>
<tr><td colspan="2">单元工程名称、部位</td><td></td><td>施工日期</td><td>年　月　日至　年　月　日</td></tr>
<tr><td>项次</td><td>工序名称(或编号)</td><td colspan="3">工序质量验收评定等级</td></tr>
<tr><td>1</td><td>△岩石地基开挖</td><td colspan="3"></td></tr>
<tr><td>2</td><td>地质缺陷处理</td><td colspan="3"></td></tr>
<tr><td>施工单位自评意见</td><td colspan="4">各工序施工质量全部合格,其中优良工序占________%,且主要工序达到________等级;各项报验资料________SL 631—2012 的要求。

单元工程质量等级评定为:________________。

(签字,加盖公章)　　　年　月　日</td></tr>
<tr><td>监理单位复核意见</td><td colspan="4">经抽查并查验相关检验报告和检验资料,各工序施工质量全部合格,其中优良工序占________%,且主要工序达到________等级;各项报验资料________ SL 631—2012 的要求。

单元工程质量等级评定为:________________。

(签字,加盖公章)　　　年　月　日</td></tr>
</table>

注:1.本表所填“单元工程量”不作为施工单位工程量结算计量的依据。
2.本表中“△”为主要工序。

______________工程

表 2103.1 岩石地基开挖工序施工质量验收评定表

<table>
<tr><td colspan="3">单位工程名称</td><td colspan="2"></td><td>工序编号</td><td colspan="3"></td></tr>
<tr><td colspan="3">分部工程名称</td><td colspan="2"></td><td>施工单位</td><td colspan="3"></td></tr>
<tr><td colspan="3">单元工程名称、部位</td><td colspan="2"></td><td>施工日期</td><td colspan="3">年 月 日至 年 月 日</td></tr>
<tr><td colspan="2">项次</td><td colspan="2">检验项目</td><td>质量要求</td><td colspan="2">检查记录</td><td>合格数</td><td>合格率</td></tr>
<tr><td rowspan="4">主控项目</td><td>1</td><td colspan="2">保护层开挖</td><td>浅孔、密孔，小药量，控制爆破</td><td colspan="2"></td><td></td><td></td></tr>
<tr><td>2</td><td colspan="2">建基面处理</td><td>开挖后岩面应满足设计要求，建基面上无松动岩块，表面清洁、无泥垢、无油污</td><td colspan="2"></td><td></td><td></td></tr>
<tr><td>3</td><td colspan="2">多组切割的不稳定岩体开挖和不良地质开挖处理</td><td>满足设计处理要求</td><td colspan="2"></td><td></td><td></td></tr>
<tr><td>4</td><td colspan="2">岩体的完整性</td><td>爆破未损害岩体的完整性，开挖面无明显爆破裂隙，声波降低率小于10%或满足设计要求</td><td colspan="2"></td><td></td><td></td></tr>
<tr><td rowspan="8">一般项目</td><td rowspan="4">1</td><td rowspan="4">无结构要求或无配筋预埋件的基坑断面尺寸及开挖面平整度</td><td>长或宽不大于 10 m</td><td>符合设计要求，允许偏差 -10~20 cm</td><td colspan="2"></td><td></td><td></td></tr>
<tr><td>长或宽大于 10 m</td><td>符合设计要求，允许偏差 -20~30 cm</td><td colspan="2"></td><td></td><td></td></tr>
<tr><td>坑（槽）底部标高</td><td>符合设计要求，允许偏差 -10~20 cm</td><td colspan="2"></td><td></td><td></td></tr>
<tr><td>垂直面或斜面平整度</td><td>符合设计要求，允许偏差 20 cm</td><td colspan="2"></td><td></td><td></td></tr>
<tr><td rowspan="4">2</td><td rowspan="4">有结构要求或有配筋预埋件的基坑断面尺寸及开挖面平整度</td><td>长或宽不大于 10 m</td><td>符合设计要求，允许偏差 0~10 cm</td><td colspan="2"></td><td></td><td></td></tr>
<tr><td>长或宽大于 10 m</td><td>符合设计要求，允许偏差 0~20 cm</td><td colspan="2"></td><td></td><td></td></tr>
<tr><td>坑（槽）底部标高</td><td>符合设计要求，允许偏差 0~20 cm</td><td colspan="2"></td><td></td><td></td></tr>
<tr><td>垂直面或斜面平整度</td><td>符合设计要求，允许偏差 15 cm</td><td colspan="2"></td><td></td><td></td></tr>
<tr><td>施工单位自评意见</td><td colspan="8">主控项目检验点全部合格，一般项目逐项检验点的合格率均不小于______%，且不合格检验点不集中分布；各项报验资料______SL 631—2012 的要求。
工序质量等级评定为：______________。
（签字，加盖公章） 年 月 日</td></tr>
<tr><td>监理单位复核意见</td><td colspan="8">经复核，主控项目检验点全部合格，一般项目逐项检验点的合格率均不小于______%，且不合格检验点不集中分布；各项报验资料______SL 631—2012 的要求。
工序质量等级评定为：______________。
（签字，加盖公章） 年 月 日</td></tr>
</table>

注：“+”表示超挖；“-”表示欠挖。

________工程

表 2103.2　地质缺陷处理工序施工质量验收评定表

<table>
<tr><td colspan="3">单位工程名称</td><td colspan="2"></td><td>工序编号</td><td colspan="2"></td></tr>
<tr><td colspan="3">分部工程名称</td><td colspan="2"></td><td>施工单位</td><td colspan="2"></td></tr>
<tr><td colspan="3">单元工程名称、部位</td><td colspan="2"></td><td>施工日期</td><td colspan="2">年　月　日至　年　月　日</td></tr>
<tr><td colspan="2">项次</td><td>检验项目</td><td colspan="2">质量要求</td><td>检查记录</td><td>合格数</td><td>合格率</td></tr>
<tr><td rowspan="4">主控项目</td><td>1</td><td>地质探孔、竖井、平洞、试坑处理</td><td colspan="2">符合设计要求</td><td></td><td></td><td></td></tr>
<tr><td>2</td><td>地质缺陷处理</td><td colspan="2">节理、裂隙、断层、夹层或构造破碎带的处理符合设计要求</td><td></td><td></td><td></td></tr>
<tr><td>3</td><td>缺陷处理采用材料</td><td colspan="2">材料质量满足设计要求</td><td></td><td></td><td></td></tr>
<tr><td>4</td><td>渗水处理</td><td colspan="2">地基及岸坡的渗水(含泉眼)已引排或封堵,岩面整洁、无积水</td><td></td><td></td><td></td></tr>
<tr><td>一般项目</td><td>1</td><td>地质缺陷处理范围</td><td colspan="2">地质缺陷处理的宽度和深度符合设计要求;地基及岸坡岩石断层、破碎带的沟槽开挖边坡稳定,无反坡,无浮石;节理、裂隙内的充填物冲洗干净</td><td></td><td></td><td></td></tr>
<tr><td colspan="2">施工单位自评意见</td><td colspan="6">主控项目检验点全部合格,一般项目逐项检验点的合格率均不小于________%,且不合格检验点不集中分布;各项报验资料________SL 631—2012 的要求。

工序质量等级评定为:______________。

(签字,加盖公章)　　　年　月　日</td></tr>
<tr><td colspan="2">监理单位复核意见</td><td colspan="6">经复核,主控项目检验点全部合格,一般项目逐项检验点的合格率均不小于________%,且不合格检验点不集中分布;各项报验资料________SL 631—2012 的要求。

工序质量等级评定为:______________。

(签字,加盖公章)　　　年　月　日</td></tr>
</table>

第 2 章　洞室开挖工程

表 2201　岩石洞室开挖单元工程施工质量验收评定表
表 2202　土质洞室开挖单元工程施工质量验收评定表
表 2203　隧洞支护单元工程施工质量验收评定表

______________工程

表 2201　岩石洞室开挖单元工程施工质量验收评定表

<table>
<tr><td colspan="4">单位工程名称</td><td colspan="4"></td><td>单元工程量</td><td colspan="2"></td></tr>
<tr><td colspan="4">分部工程名称</td><td colspan="4"></td><td>施工单位</td><td colspan="2"></td></tr>
<tr><td colspan="4">单元工程名称、部位</td><td colspan="4"></td><td>施工日期</td><td colspan="2">年　月　日至　年　月　日</td></tr>
<tr><td colspan="2">项次</td><td colspan="3">检验项目</td><td colspan="3">质量要求</td><td>检查记录</td><td>合格数</td><td>合格率</td></tr>
<tr><td rowspan="7">主控项目</td><td rowspan="4">1</td><td colspan="3" rowspan="4">光面爆破和预裂爆破效果</td><td colspan="3">残留炮孔痕迹分布均匀,预裂爆破后的裂缝连续贯穿;相邻两孔间的岩面平整,孔壁无明显的爆破裂隙,两茬炮之间的台阶或预裂爆破孔的最大外斜值不大于 10 cm</td><td rowspan="4"></td><td rowspan="4"></td><td rowspan="4"></td></tr>
<tr><td rowspan="3">炮孔痕迹保存率</td><td>完整岩石</td><td>>90%</td></tr>
<tr><td>较完整和完整性差的岩石</td><td>≥60%</td></tr>
<tr><td>较破碎和破碎岩石</td><td>≥20%</td></tr>
<tr><td>2</td><td colspan="3">洞、井轴线</td><td colspan="3">符合设计要求,允许偏差-5~5 cm</td><td></td><td></td><td></td></tr>
<tr><td>3</td><td colspan="3">不良地质处理</td><td colspan="3">符合设计要求</td><td></td><td></td><td></td></tr>
<tr><td>4</td><td colspan="3">爆破控制</td><td colspan="3">爆破未损害岩体的完整性,开挖面无明显爆破裂隙,声波降低率小于 10%,或满足设计要求</td><td></td><td></td><td></td></tr>
<tr><td rowspan="9">一般项目</td><td>1</td><td colspan="3">洞室壁面清撬</td><td colspan="3">洞室壁面上无残留的松动岩块和可能塌落的危石碎块,岩石面干净,无岩石碎片、尘埃、爆破泥粉等</td><td></td><td></td><td></td></tr>
<tr><td rowspan="4">2</td><td rowspan="8">岩石壁面局部欠挖及平整度</td><td rowspan="4">无结构要求、无配筋预埋件</td><td>底部标高</td><td colspan="3">符合设计要求,允许偏差-10~20 cm</td><td></td><td></td><td></td></tr>
<tr><td>径向尺寸</td><td colspan="3">符合设计要求,允许偏差-10~20 cm</td><td></td><td></td><td></td></tr>
<tr><td>侧向尺寸</td><td colspan="3">符合设计要求,允许偏差-10~20 cm</td><td></td><td></td><td></td></tr>
<tr><td>开挖面平整度</td><td colspan="3">符合设计要求,允许偏差 15 cm</td><td></td><td></td><td></td></tr>
<tr><td rowspan="4">3</td><td rowspan="4">有结构要求或有配筋预埋件</td><td>底部标高</td><td colspan="3">符合设计要求,允许偏差 0~15 cm</td><td></td><td></td><td></td></tr>
<tr><td>径向尺寸</td><td colspan="3">符合设计要求,允许偏差 0~15 cm</td><td></td><td></td><td></td></tr>
<tr><td>侧向尺寸</td><td colspan="3">符合设计要求,允许偏差 0~15 cm</td><td></td><td></td><td></td></tr>
<tr><td>开挖面平整度</td><td colspan="3">符合设计要求,允许偏差 10 cm</td><td></td><td></td><td></td></tr>
<tr><td>施工单位自评意见</td><td colspan="10">主控项目检验点全部合格,一般项目逐项检验点的合格率均不小于________%,且不合格检验点不集中分布;各项报验资料________SL 631—2012 的要求。
工序质量等级评定为:______________。
(签字,加盖公章)　　年　月　日</td></tr>
<tr><td>监理单位复核意见</td><td colspan="10">经复核,主控项目检验点全部合格,一般项目逐项检验点的合格率均不小于________%,且不合格检验点不集中分布;各项报验资料________SL 631—2012 的要求。
工序质量等级评定为:______________。
(签字,加盖公章)　　年　月　日</td></tr>
</table>

注:1.本表所填"单元工程量"不作为施工单位工程量结算计量的依据。

2."+"表示超挖;"-"表示欠挖。

________________工程

表 2202　土质洞室开挖单元工程施工质量验收评定表

<table>
<tr><td colspan="3">单位工程名称</td><td colspan="2"></td><td>单元工程量</td><td colspan="2"></td></tr>
<tr><td colspan="3">分部工程名称</td><td colspan="2"></td><td>施工单位</td><td colspan="2"></td></tr>
<tr><td colspan="3">单元工程名称、部位</td><td colspan="2"></td><td>施工日期</td><td colspan="2">年　月　日至　　年　月　日</td></tr>
<tr><td colspan="2">项次</td><td>检验项目</td><td>质量要求</td><td colspan="2">检查记录</td><td>合格数</td><td>合格率</td></tr>
<tr><td rowspan="3">主控项目</td><td>1</td><td>超前支护</td><td>钻孔安装位置、倾斜角度准确。注浆材料配比与凝胶时间、灌浆压力、次序等符合设计要求</td><td colspan="2"></td><td></td><td></td></tr>
<tr><td>2</td><td>初期支护</td><td>安装位置准确。初喷、喷射混凝土、回填注浆材料配比与凝胶时间、灌浆压力、次序以及喷射混凝土厚度等符合设计要求。喷射混凝土密实，表面平整，平整度满足±5 cm</td><td colspan="2"></td><td></td><td></td></tr>
<tr><td>3</td><td>洞、井轴线</td><td>符合设计要求，允许偏差-5～5 cm</td><td colspan="2"></td><td></td><td></td></tr>
<tr><td rowspan="6">一般项目</td><td>1</td><td>洞面清理</td><td>洞壁围岩无松土、尘埃</td><td colspan="2"></td><td></td><td></td></tr>
<tr><td>2</td><td>底部标高</td><td>符合设计要求，允许偏差 0～10 cm</td><td colspan="2"></td><td></td><td></td></tr>
<tr><td>3</td><td>径向尺寸</td><td>符合设计要求，允许偏差 0～10 cm</td><td colspan="2"></td><td></td><td></td></tr>
<tr><td>4</td><td>侧向尺寸</td><td>符合设计要求，允许偏差 0～10 cm</td><td colspan="2"></td><td></td><td></td></tr>
<tr><td>5</td><td>开挖面平整度</td><td>符合设计要求，允许偏差 10 cm</td><td colspan="2"></td><td></td><td></td></tr>
<tr><td>6</td><td>洞室变形监测</td><td>土质洞室的地面、洞室壁面变形监测点埋设符合设计或有关规范要求</td><td colspan="2"></td><td></td><td></td></tr>
<tr><td>施工单位自评意见</td><td colspan="7">主控项目检验点全部合格，一般项目逐项检验点的合格率均不小于_______%，且不合格检验点不集中分布；各项报验资料_______SL 631—2012 的要求。

工序质量等级评定为：______________。

（签字，加盖公章）　　　　年　月　日</td></tr>
<tr><td>监理单位复核意见</td><td colspan="7">经复核，主控项目检验点全部合格，一般项目逐项检验点的合格率均不小于_______%，且不合格检验点不集中分布；各项报验资料_______SL 631—2012 的要求。

工序质量等级评定为：______________。

（签字，加盖公章）　　　　年　月　日</td></tr>
</table>

注：1.本表所填“单元工程量”不作为施工单位工程量结算计量的依据。

2.“+”表示超挖；“-”表示欠挖。

________工程

表 2203　隧洞支护单元工程施工质量验收评定表

<table>
<tr><td>单位工程名称</td><td colspan="2"></td><td>单元工程量</td><td></td></tr>
<tr><td>分部工程名称</td><td colspan="2"></td><td>施工单位</td><td></td></tr>
<tr><td>单元工程名称、部位</td><td colspan="2"></td><td>施工日期</td><td>年　月　日至　　年　月　日</td></tr>
<tr><td>项次</td><td colspan="2">工序名称(或编号)</td><td colspan="2">工序施工质量验收评定等级</td></tr>
<tr><td>1</td><td colspan="2">管棚工序</td><td colspan="2"></td></tr>
<tr><td>2</td><td colspan="2">超前小导管工序</td><td colspan="2"></td></tr>
<tr><td>3</td><td colspan="2">△钢架工序</td><td colspan="2"></td></tr>
<tr><td>4</td><td colspan="2">△锚喷支护锚杆(包括钻孔)</td><td colspan="2"></td></tr>
<tr><td>5</td><td colspan="2">锚喷支护喷混凝土(包括钢筋网片制作与安装)</td><td colspan="2"></td></tr>
<tr><td>施工单位自评意见</td><td colspan="4">单元工程质量检查符合________要求,工序全部合格,其中优良占________%,________工序达到优良;各项报验资料________ TB 10417—2018、SL 633—2012 的要求。
单元工程质量等级评定为:________________。
(签字,加盖公章)　　　　年　月　日</td></tr>
<tr><td>监理单位复核意见</td><td colspan="4">经复核,单元工程质量检查符合________要求,工序全部合格,其中优良孔占________%,________工序达到优良,各项报验资料________ TB 10417—2018、SL 633—2012 的要求。
单元工程质量等级评定为:________________。
(签字,加盖公章)　　　　年　月　日</td></tr>
</table>

注:1.本表所填“单元工程量”不作为施工单位工程量结算计量的依据。

2.本表中“△”为主要工序。

______________工程

表 2203.1　管棚工序施工质量验收评定表

<table>
<tr><td colspan="4">单位工程名称</td><td colspan="2"></td><td>工序编号</td><td colspan="1"></td></tr>
<tr><td colspan="4">分部工程名称</td><td colspan="2"></td><td>施工单位</td><td colspan="1"></td></tr>
<tr><td colspan="4">单元工程名称、部位</td><td colspan="2"></td><td>施工日期</td><td colspan="1"></td></tr>
<tr><td colspan="2">项次</td><td colspan="2">检验项目</td><td>质量标准</td><td>检查记录</td><td>合格数</td><td>合格率</td></tr>
<tr><td rowspan="4">主控项目</td><td>1</td><td colspan="2">管棚钢管的种类、规格和长度</td><td>应符合设计要求</td><td></td><td></td><td></td></tr>
<tr><td>2</td><td colspan="2">管棚位置、搭接长度和数量</td><td>应符合设计要求</td><td></td><td></td><td></td></tr>
<tr><td>3</td><td colspan="2">管棚钢管接头</td><td>采用丝扣连接，同一断面内的钢管接头数不大于 50%，且相邻钢管接头至少错开 1 m</td><td></td><td></td><td></td></tr>
<tr><td>4</td><td colspan="2">管棚注浆</td><td>注浆配合比、注浆压力、注浆量等符合设计要求</td><td></td><td></td><td></td></tr>
<tr><td rowspan="3">一般项目</td><td>1</td><td rowspan="3">钻孔</td><td>方向角</td><td>允许偏差 1°</td><td></td><td></td><td></td></tr>
<tr><td>2</td><td>孔口距</td><td>允许偏差±30 mm</td><td></td><td></td><td></td></tr>
<tr><td>3</td><td>孔深</td><td>允许偏差±50 mm</td><td></td><td></td><td></td></tr>
<tr><td colspan="2">施工单位自评意见</td><td colspan="6">主控项目检验点全部合格，一般项目逐项检验点的合格率均不小于_______%，且不合格检验点不集中分布，不合格检验点的质量_______有关规范或设计要求的限值；各项报验资料_______TB 10417—2018 的要求。

工序质量等级评定为：______________。

（签字，加盖公章）　　年　月　日</td></tr>
<tr><td colspan="2">监理单位复核意见</td><td colspan="6">经复核，主控项目检验点全部合格，一般项目逐项检验点的合格率均不小于_______%，且不合格检验点不集中分布，不合格检验点的质量________有关规范或设计要求的限值；各项报验资料________TB 10417—2018的要求。

工序质量等级评定为：______________。

（签字，加盖公章）　　年　月　日</td></tr>
</table>

______________工程

表 2203.2　超前小导管工序施工质量验收评定表

<table>
<tr><td colspan="2">单位工程名称</td><td colspan="2"></td><td>工序编号</td><td colspan="3"></td></tr>
<tr><td colspan="2">分部工程名称</td><td colspan="2"></td><td>施工单位</td><td colspan="3"></td></tr>
<tr><td colspan="2">单元工程名称、部位</td><td colspan="2"></td><td>施工日期</td><td colspan="3"></td></tr>
<tr><td colspan="2">项次</td><td>检验项目</td><td colspan="2">质量标准</td><td>检查记录</td><td>合格数</td><td>合格率</td></tr>
<tr><td rowspan="4">主控项目</td><td>1</td><td>超前小导管的种类、规格和长度</td><td colspan="2">符合设计要求</td><td></td><td></td><td></td></tr>
<tr><td>2</td><td>超前小导管的数量</td><td colspan="2">符合设计要求</td><td></td><td></td><td></td></tr>
<tr><td>3</td><td>超前小导管的位置、搭接长度</td><td colspan="2">符合设计要求</td><td></td><td></td><td></td></tr>
<tr><td>4</td><td>超前小导管注浆</td><td colspan="2">注浆压力符合设计要求，浆液充满钢管及其周围空隙</td><td></td><td></td><td></td></tr>
<tr><td>一般项目</td><td>1</td><td>超前小导管尾端与钢架连接</td><td colspan="2">超前小导管尾端与钢架焊接连接</td><td></td><td></td><td></td></tr>
<tr><td>施工单位自评意见</td><td colspan="7">主控项目检验点全部合格，一般项目逐项检验点的合格率均不小于______%，且不合格检验点不集中分布，不合格检验点的质量______有关规范或设计要求的限值；各项报验资料______TB 10417—2018 的要求。

工序质量等级评定为：____________。

（签字，加盖公章）　　年　月　日</td></tr>
<tr><td>监理单位复核意见</td><td colspan="7">经复核，主控项目检验点全部合格，一般项目逐项检验点的合格率均不小于______%，且不合格检验点不集中分布，不合格检验点的质量______有关规范或设计要求的限值；各项报验资料______TB 10417—2018 的要求。

工序质量等级评定为：____________。

（签字，加盖公章）　　年　月　日</td></tr>
</table>

______________工程

表 2203.3　钢架工序施工质量验收评定表

<table>
<tr><td colspan="3">单位工程名称</td><td colspan="2"></td><td>工序编号</td><td colspan="2"></td></tr>
<tr><td colspan="3">分部工程名称</td><td colspan="2"></td><td>施工单位</td><td colspan="2"></td></tr>
<tr><td colspan="3">单元工程名称、部位</td><td colspan="2"></td><td>施工日期</td><td colspan="2"></td></tr>
<tr><td colspan="2">项次</td><td colspan="2">检验项目</td><td>质量标准</td><td>检查记录</td><td>合格数</td><td>合格率</td></tr>
<tr><td rowspan="3">主控项目</td><td>1</td><td colspan="2">钢架及其连接螺栓的种类和材料规格</td><td>符合设计要求</td><td></td><td></td><td></td></tr>
<tr><td>2</td><td colspan="2">钢架数量</td><td>符合设计要求</td><td></td><td></td><td></td></tr>
<tr><td>3</td><td colspan="2">基础处理</td><td>钢架置于牢固的基础上，钢架锁脚锚杆(管)间连接、钢架节段间连接、钢架纵向间连接符合设计要求</td><td></td><td></td><td></td></tr>
<tr><td rowspan="3">一般项目</td><td>1</td><td rowspan="3">钢架安装</td><td>横向位置</td><td>允许偏差±20 mm</td><td></td><td></td><td></td></tr>
<tr><td>2</td><td>垂直度</td><td>允许偏差±1°</td><td></td><td></td><td></td></tr>
<tr><td>3</td><td>钢架间距</td><td>允许偏差±100 mm</td><td></td><td></td><td></td></tr>
<tr><td colspan="2">施工单位自评意见</td><td colspan="6">主控项目检验点全部合格，一般项目逐项检验点的合格率均不小于______%，且不合格检验点不集中分布，不合格检验点的质量______有关规范或设计要求的限值；各项报验资料______TB 10417—2018 的要求。

工序质量等级评定为：______________。

(签字，加盖公章)　　　年　月　日</td></tr>
<tr><td colspan="2">监理单位复核意见</td><td colspan="6">经复核，主控项目检验点全部合格，一般项目逐项检验点的合格率均不小于______%，且不合格检验点不集中分布，不合格检验点的质量______有关规范或设计要求的限值；各项报验资料______ TB 10417—2018 的要求。

工序质量等级评定为：______________。

(签字，加盖公章)　　　年　月　日</td></tr>
</table>

________________工程

表 2203.4　锚喷支护锚杆工序施工质量验收评定表

<table>
<tr><td colspan="2">单位工程名称</td><td colspan="2"></td><td>工序编号</td><td colspan="2"></td></tr>
<tr><td colspan="2">分部工程名称</td><td colspan="2"></td><td>施工单位</td><td colspan="2"></td></tr>
<tr><td colspan="2">单元工程名称、部位</td><td colspan="2"></td><td>施工日期</td><td colspan="2">年　月　日至　　年　月　日</td></tr>
<tr><td colspan="2">项次</td><td>检验项目</td><td>质量要求</td><td>检查记录</td><td>合格数</td><td>合格率</td></tr>
<tr><td rowspan="5">主控项目</td><td>1</td><td>锚杆材质和胶结材料性能</td><td>符合设计要求</td><td></td><td></td><td></td></tr>
<tr><td>2</td><td>孔深偏差</td><td>≤50 mm</td><td></td><td></td><td></td></tr>
<tr><td>3</td><td>锚孔清理</td><td>孔内无岩粉、无积水</td><td></td><td></td><td></td></tr>
<tr><td>4</td><td>锚杆抗拔力(或无损检测)</td><td>符合设计和规范要求</td><td></td><td></td><td></td></tr>
<tr><td>5</td><td>预应力锚杆张拉力</td><td>符合设计和规范要求</td><td></td><td></td><td></td></tr>
<tr><td rowspan="6">一般项目</td><td>1</td><td>锚杆孔位偏差</td><td>≤150 mm(预应力锚杆:≤200 mm)</td><td></td><td></td><td></td></tr>
<tr><td>2</td><td>锚杆钻孔方向偏差</td><td>符合设计要求(预应力锚杆:≤3%)</td><td></td><td></td><td></td></tr>
<tr><td>3</td><td>锚杆钻孔孔径</td><td>符合设计要求</td><td></td><td></td><td></td></tr>
<tr><td>4</td><td>锚杆长度偏差</td><td>≤35 mm</td><td></td><td></td><td></td></tr>
<tr><td>5</td><td>锚杆孔注浆</td><td>符合设计和规范要求</td><td></td><td></td><td></td></tr>
<tr><td>6</td><td>施工记录</td><td>齐全、准确、清晰</td><td></td><td></td><td></td></tr>
<tr><td colspan="2">施工单位自评意见</td><td colspan="5">主控项目检验点全部合格,一般项目逐项检验点的合格率均不小于______%,且不合格检验点不集中分布,不合格检验点的质量______有关规范或设计要求的限值,各项报验资料______SL 633—2012 的要求。

工序质量等级评定为:__________。

(签字,加盖公章)　　　年　月　日</td></tr>
<tr><td colspan="2">监理单位复核意见</td><td colspan="5">经复核,主控项目检验点全部合格,一般项目逐项检验点的合格率均不小于______%,且不合格检验点不集中分布,不合格检验点的质量______有关规范或设计要求的限值;各项报验资料______SL 633—2012 的要求。

工序质量等级评定为:__________。

(签字,加盖公章)　　　年　月　日</td></tr>
</table>

________工程

表 2203.5　锚喷支护喷混凝土工序施工质量验收评定表

<table>
<tr><td colspan="2">单位工程名称</td><td colspan="2"></td><td>工序编号</td><td colspan="3"></td></tr>
<tr><td colspan="2">分部工程名称</td><td colspan="2"></td><td>施工单位</td><td colspan="3"></td></tr>
<tr><td colspan="2">单元工程名称、部位</td><td colspan="2"></td><td>施工日期</td><td colspan="3">年　月　日至　　年　月　日</td></tr>
<tr><td colspan="2">项次</td><td>检验项目</td><td>质量要求</td><td colspan="2">检查记录</td><td>合格数</td><td>合格率</td></tr>
<tr><td rowspan="4">主控项目</td><td>1</td><td>喷混凝土性能</td><td>符合设计要求</td><td colspan="2"></td><td></td><td></td></tr>
<tr><td>2</td><td>喷层均匀性</td><td>个别处有夹层、包砂</td><td colspan="2"></td><td></td><td></td></tr>
<tr><td>3</td><td>喷层密实性</td><td>无滴水，个别点渗水</td><td colspan="2"></td><td></td><td></td></tr>
<tr><td>4</td><td>喷层厚度</td><td>符合设计和规范要求</td><td colspan="2"></td><td></td><td></td></tr>
<tr><td rowspan="7">一般项目</td><td>1</td><td>喷混凝土配合比</td><td>满足规范要求</td><td colspan="2"></td><td></td><td></td></tr>
<tr><td>2</td><td>受喷面清理</td><td>符合设计及规范要求</td><td colspan="2"></td><td></td><td></td></tr>
<tr><td>3</td><td>喷层表面整体性</td><td>个别处有微细裂缝</td><td colspan="2"></td><td></td><td></td></tr>
<tr><td>4</td><td>喷层养护</td><td>符合设计及规范要求</td><td colspan="2"></td><td></td><td></td></tr>
<tr><td>5</td><td>钢筋（丝）网格间距偏差</td><td>≤20 mm</td><td colspan="2"></td><td></td><td></td></tr>
<tr><td>6</td><td>钢筋（丝）网安装</td><td>符合设计和规范要求</td><td colspan="2"></td><td></td><td></td></tr>
<tr><td>7</td><td>施工记录</td><td>齐全、准确、清晰</td><td colspan="2"></td><td></td><td></td></tr>
<tr><td colspan="2">施工单位自评意见</td><td colspan="6">主控项目检验点全部合格，一般项目逐项检验点的合格率均不小于________%，且不合格检验点不集中分布，不合格检验点的质量________有关规范或设计要求的限值；各项报验资料________SL 633—2012 的要求。

工序质量等级评定为：______________。

（签字，加盖公章）　　　　年　月　日</td></tr>
<tr><td colspan="2">监理单位复核意见</td><td colspan="6">经复核，主控项目检验点全部合格，一般项目逐项检验点的合格率均不小于________%，且不合格检验点不集中分布，不合格检验点的质量________有关规范或设计要求的限值；各项报验资料________SL 633—2012 的要求。

工序质量等级评定为：______________。

（签字，加盖公章）　　　　年　月　日</td></tr>
</table>

第 3 章　土石方填筑工程

______________工程

表 2301 土料填筑单元工程施工质量验收评定表

<table>
<tr><td colspan="2">单位工程名称</td><td></td><td>单元工程量</td><td></td></tr>
<tr><td colspan="2">分部工程名称</td><td></td><td>施工单位</td><td></td></tr>
<tr><td colspan="2">单元工程名称、部位</td><td></td><td>施工日期</td><td>年 月 日至 年 月 日</td></tr>
<tr><td>项次</td><td>工序名称
(或编号)</td><td colspan="3">工序质量验收评定等级</td></tr>
<tr><td>1</td><td>土料填筑结合面处理</td><td colspan="3"></td></tr>
<tr><td>2</td><td>土料填筑卸料及铺填</td><td colspan="3"></td></tr>
<tr><td>3</td><td>△土料压实</td><td colspan="3"></td></tr>
<tr><td>4</td><td>土料填筑接缝处理</td><td colspan="3"></td></tr>
<tr><td>施工单位自评意见</td><td colspan="4">各工序施工质量全部合格,其中优良工序占______%,且主要工序达到______等级;各项报验资料______SL 631—2012 的要求。

单元工程质量等级评定为:__________。

(签字,加盖公章) 年 月 日</td></tr>
<tr><td>监理单位复核意见</td><td colspan="4">经抽查并查验相关检验报告和检验资料,各工序施工质量全部合格,其中优良工序占______%,且主要工序达到______等级;各项报验资料______ SL 631—2012 的要求。

单元工程质量等级评定为:__________。

(签字,加盖公章) 年 月 日</td></tr>
</table>

注:1.本表所填"单元工程量"不作为施工单位工程量结算计量的依据。

2.表中"△"为主要工序。

______________工程

表 2301.1　土料填筑结合面处理工序施工质量验收评定表

<table>
<tr><td colspan="3">单位工程名称</td><td colspan="2"></td><td>工序编号</td><td colspan="3"></td></tr>
<tr><td colspan="3">分部工程名称</td><td colspan="2"></td><td>施工单位</td><td colspan="3"></td></tr>
<tr><td colspan="3">单元工程名称、部位</td><td colspan="2"></td><td>施工日期</td><td colspan="3">年　月　日至　　年　月　日</td></tr>
<tr><td colspan="2">项次</td><td colspan="2">检验项目</td><td colspan="2">质量要求</td><td>检查记录</td><td>合格数</td><td>合格率</td></tr>
<tr><td rowspan="7">主控项目</td><td rowspan="2">1</td><td rowspan="2">建基面地基压实</td><td>黏性土、砾质土地基土层</td><td colspan="2">压实度等指标符合设计要求</td><td></td><td></td><td></td></tr>
<tr><td>无黏性土地基土层</td><td colspan="2">相对密实度符合设计要求</td><td></td><td></td><td></td></tr>
<tr><td>2</td><td colspan="2">土质建基面刨毛</td><td colspan="2">土质地基表面刨毛 3~5 cm，层面刨毛均匀细致，无团块、空白</td><td></td><td></td><td></td></tr>
<tr><td rowspan="3">3</td><td colspan="2" rowspan="3">岩面和混凝土面处理</td><td colspan="2">与土质防渗体结合的岩面或混凝土面无浮渣、污物杂物，无乳皮粉尘、油垢，无局部积水等；铺填前涂刷浓泥浆或黏土水泥砂浆，涂刷均匀，无空白，且回填及时，无风干现象</td><td></td><td></td><td></td></tr>
<tr><td>混凝土面</td><td>涂刷厚度为 3~5 mm，铺浆厚度允许偏差 0~2 mm</td><td></td><td></td><td></td></tr>
<tr><td>裂隙岩面</td><td>涂刷厚度为 5~10 mm，铺浆厚度允许偏差 0~2 mm</td><td></td><td></td><td></td></tr>
<tr><td rowspan="2">一般项目</td><td>1</td><td colspan="2">层间结合面</td><td colspan="2">上、下层铺土的结合面无砂砾、无杂物、无表面松土，且湿润均匀、无积水</td><td></td><td></td><td></td></tr>
<tr><td>2</td><td colspan="2">涂刷浆液质量</td><td colspan="2">浆液稠度适宜、均匀无团块，材料配比误差不大于 10%</td><td></td><td></td><td></td></tr>
<tr><td>施工单位自评意见</td><td colspan="8">主控项目检验点全部合格，一般项目逐项检验点的合格率均不小于______%，且不合格检验点不集中分布；各项报验资料______SL 631—2012 的要求。
工序质量等级评定为：______________。
（签字，加盖公章）　　年　月　日</td></tr>
<tr><td>监理单位复核意见</td><td colspan="8">经复核，主控项目检验点全部合格，一般项目逐项检验点的合格率均不小于______%，且不合格检验点不集中分布；各项报验资料______SL 631—2012 的要求。
工序质量等级评定为：______________。
（签字，加盖公章）　　年　月　日</td></tr>
</table>

______________工程

表 2301.2　土料填筑卸料及铺填工序施工质量验收评定表

<table>
<tr><td colspan="3">单位工程名称</td><td colspan="2"></td><td>工序编号</td><td colspan="2"></td></tr>
<tr><td colspan="3">分部工程名称</td><td colspan="2"></td><td>施工单位</td><td colspan="2"></td></tr>
<tr><td colspan="3">单元工程名称、部位</td><td colspan="2"></td><td>施工日期</td><td colspan="2">年　月　日至　　年　月　日</td></tr>
<tr><td colspan="2">项次</td><td colspan="2">检验项目</td><td>质量要求</td><td>检查记录</td><td>合格数</td><td>合格率</td></tr>
<tr><td rowspan="2">主控项目</td><td>1</td><td colspan="2">卸料</td><td>卸料、平料符合设计要求，均衡上升；施工面平整，土料分区清晰，上、下层分段位置错开</td><td></td><td></td><td></td></tr>
<tr><td>2</td><td colspan="2">铺填</td><td>上、下游坝坡铺填有富裕量，防渗铺盖在坝体以内部分与心墙或斜墙同时铺填；铺料表面保持湿润，符合施工含水率</td><td></td><td></td><td></td></tr>
<tr><td rowspan="4">一般项目</td><td>1</td><td colspan="2">结合部土料铺填</td><td>防渗体与地基（包括齿槽）、岸坡、溢洪道边墙、坝下埋管及混凝土齿墙等结合部位的土料铺填无架空现象；土料厚度均匀，表面平整，无团块，无粗粒集中，边线整齐</td><td></td><td></td><td></td></tr>
<tr><td>2</td><td colspan="2">铺土厚度</td><td>铺土厚度均匀，符合设计要求，允许偏差-5~0 cm</td><td></td><td></td><td></td></tr>
<tr><td rowspan="2">3</td><td rowspan="2">铺填边线</td><td>人工施工</td><td>铺填边线有一定宽裕度，压实削坡后坝体铺填边线满足 0 ~10 cm 要求</td><td></td><td></td><td></td></tr>
<tr><td>机械施工</td><td>铺填边线有一定宽裕度，压实削坡后坝体铺填边线满足 0~30 cm 要求</td><td></td><td></td><td></td></tr>
<tr><td colspan="2">施工单位自评意见</td><td colspan="6">主控项目检验点全部合格，一般项目逐项检验点的合格率均不小于_______%，且不合格检验点不集中分布；各项报验资料_______SL 631—2012 的要求。
工序质量等级评定为：______________。
（签字，加盖公章）　　　　年　月　日</td></tr>
<tr><td colspan="2">监理单位复核意见</td><td colspan="6">经复核，主控项目检验点全部合格，一般项目逐项检验点的合格率均不小于_______%，且不合格检验点不集中分布；各项报验资料_______SL 631—2012 的要求。
工序质量等级评定为：______________。
（签字，加盖公章）　　　　年　月　日</td></tr>
</table>

______________工程

表 2301.3　土料压实工序施工质量验收评定表

<table>
<tr><td colspan="3">单位工程名称</td><td colspan="2"></td><td>工序编号</td><td colspan="2"></td></tr>
<tr><td colspan="3">分部工程名称</td><td colspan="2"></td><td>施工单位</td><td colspan="2"></td></tr>
<tr><td colspan="3">单元工程名称、部位</td><td colspan="2"></td><td>施工日期</td><td colspan="2">年　月　日至　　年　月　日</td></tr>
<tr><td colspan="2">项次</td><td>检验项目</td><td colspan="2">质量要求</td><td>检查记录</td><td>合格数</td><td>合格率</td></tr>
<tr><td rowspan="7">主控项目</td><td rowspan="2">1</td><td rowspan="2">碾压参数</td><td colspan="2">压实度和最优含水率符合设计要求</td><td></td><td></td><td></td></tr>
<tr><td colspan="2">1 级、2 级坝和高坝的压实度不低于 98%</td><td></td><td></td><td></td></tr>
<tr><td rowspan="4">2</td><td rowspan="4">压实质量</td><td colspan="2">3 级中低坝及 3 级以下中坝的压实度不低于 96%</td><td></td><td></td><td></td></tr>
<tr><td colspan="2">土料的含水率控制在最优量值的 -2%~3%</td><td></td><td></td><td></td></tr>
<tr><td colspan="2">取样合格率不小于 90%</td><td></td><td></td><td></td></tr>
<tr><td colspan="2">不合格试样不应集中，且不低于压实度设计值的 98%</td><td></td><td></td><td></td></tr>
<tr><td>3</td><td>压实土料的渗透系数</td><td colspan="2">符合设计要求(设计值)</td><td></td><td></td><td></td></tr>
<tr><td rowspan="3">一般项目</td><td rowspan="2">1</td><td rowspan="2">碾压搭接带宽度</td><td>垂直碾压方向</td><td>搭接宽度 1.0~1.5 m</td><td></td><td></td><td></td></tr>
<tr><td>顺碾压方向</td><td>搭接宽度 0.3~0.5 m</td><td></td><td></td><td></td></tr>
<tr><td>2</td><td>碾压面处理</td><td colspan="2">碾压面平整，无漏压，个别有弹簧、起皮、脱空、剪力破坏部位的处理符合设计要求</td><td></td><td></td><td></td></tr>
<tr><td colspan="2">施工单位自评意见</td><td colspan="6">主控项目检验点全部合格，一般项目逐项检验点的合格率均不小于________%，且不合格检验点不集中分布；各项报验资料________SL 631—2012 的要求。

工序质量等级评定为：______________。

(签字，加盖公章)　　　　年　月　日</td></tr>
<tr><td colspan="2">监理单位复核意见</td><td colspan="6">经复核，主控项目检验点全部合格，一般项目逐项检验点的合格率均不小于________%，且不合格检验点不集中分布；各项报验资料________SL 631—2012 的要求。

工序质量等级评定为：______________。

(签字，加盖公章)　　　　年　月　日</td></tr>
</table>

______________工程

表 2301.4　土料填筑接缝处理工序施工质量验收评定表

<table>
<tr><td colspan="3">单位工程名称</td><td colspan="2"></td><td>工序编号</td><td colspan="3"></td></tr>
<tr><td colspan="3">分部工程名称</td><td colspan="2"></td><td>施工单位</td><td colspan="3"></td></tr>
<tr><td colspan="3">单元工程名称、部位</td><td colspan="2"></td><td>施工日期</td><td colspan="3">年　月　日至　　年　月　日</td></tr>
<tr><td colspan="2">项次</td><td>检验项目</td><td colspan="2">质量要求</td><td colspan="2">检查记录</td><td>合格数</td><td>合格率</td></tr>
<tr><td rowspan="2">主控项目</td><td>1</td><td>结合坡面</td><td colspan="2">斜墙和心墙内不应留有纵向接缝；防渗体及均质坝的横向接坡不陡于1:3，其高差符合设计要求，与岸坡结合坡度符合设计要求；均质坝纵向接缝斜坡坡度和平台宽度满足稳定要求，平台间高差不大于15 m</td><td colspan="2"></td><td></td><td></td></tr>
<tr><td>2</td><td>结合坡面碾压</td><td colspan="2">结合坡面填土碾压密实，层面平整、无拉裂和起皮现象</td><td colspan="2"></td><td></td><td></td></tr>
<tr><td rowspan="2">一般项目</td><td>1</td><td>结合坡面填土</td><td colspan="2">填土质量符合设计要求，铺土均匀、表面平整，无团块、无风干</td><td colspan="2"></td><td></td><td></td></tr>
<tr><td>2</td><td>结合坡面处理</td><td colspan="2">纵、横向接缝的坡面削坡、润湿、刨毛等处理符合设计要求</td><td colspan="2"></td><td></td><td></td></tr>
<tr><td colspan="2">施工单位自评意见</td><td colspan="7">主控项目检验点全部合格，一般项目逐项检验点的合格率均不小于______%，且不合格检验点不集中分布；各项报验资料______SL 631—2012的要求。

工序质量等级评定为：____________。

（签字，加盖公章）　　　年　月　日</td></tr>
<tr><td colspan="2">监理单位复核意见</td><td colspan="7">经复核，主控项目检验点全部合格，一般项目逐项检验点的合格率均不小于______%，且不合格检验点不集中分布；各项报验资料______SL 631—2012的要求。

工序质量等级评定为：____________。

（签字，加盖公章）　　　年　月　日</td></tr>
</table>

________工程

表 2302　反滤(过渡)料填筑单元工程施工质量验收评定表

<table>
<tr><td>单位工程名称</td><td colspan="2"></td><td>单元工程量</td><td></td></tr>
<tr><td>分部工程名称</td><td colspan="2"></td><td>施工单位</td><td></td></tr>
<tr><td>单元工程名称、部位</td><td colspan="2"></td><td>施工日期</td><td>年 月 日至 年 月 日</td></tr>
<tr><td>项次</td><td>工序名称(或编号)</td><td colspan="3">工序质量验收评定等级</td></tr>
<tr><td>1</td><td>反滤(过渡)料铺填</td><td colspan="3"></td></tr>
<tr><td>2</td><td>△反滤(过渡)料铺填压实</td><td colspan="3"></td></tr>
<tr><td>施工单位自评意见</td><td colspan="4">各工序施工质量全部合格,其中优良工序占____%,且主要工序达到____等级;各项报验资料____SL 631—2012 的要求。
单元工程质量等级评定为:________。
(签字,加盖公章)　　年　月　日</td></tr>
<tr><td>监理单位复核意见</td><td colspan="4">经抽查并查验相关检验报告和检验资料,各工序施工质量全部合格,其中优良工序占____%,且主要工序达到____等级;各项报验资料____SL 631—2012 的要求。
单元工程质量等级评定为:________。
(签字,加盖公章)　　年　月　日</td></tr>
</table>

注:1.本表所填“单元工程量”不作为施工单位工程量结算计量的依据。

2.表中“△”为主要工序。

______________工程

表 2302.1 反滤(过渡)料铺填工序施工质量验收评定表

<table>
<tr><td colspan="3">单位工程名称</td><td colspan="2"></td><td>工序编号</td><td colspan="2"></td></tr>
<tr><td colspan="3">分部工程名称</td><td colspan="2"></td><td>施工单位</td><td colspan="2"></td></tr>
<tr><td colspan="3">单元工程名称、部位</td><td colspan="2"></td><td>施工日期</td><td colspan="2">年 月 日至 年 月 日</td></tr>
<tr><td colspan="2">项次</td><td>检验项目</td><td colspan="2">质量要求</td><td>检查记录</td><td>合格数</td><td>合格率</td></tr>
<tr><td rowspan="4">主控项目</td><td rowspan="2">1</td><td rowspan="2">铺料厚度</td><td colspan="2">铺料厚度均匀,不超厚,表面平整,边线整齐</td><td></td><td></td><td></td></tr>
<tr><td colspan="2">检测点允许偏差不大于铺料厚度的10%,且不超厚</td><td></td><td></td><td></td></tr>
<tr><td>2</td><td>铺填位置</td><td colspan="2">铺填位置准确,摊铺边线整齐,边线允许偏差±5 cm</td><td></td><td></td><td></td></tr>
<tr><td>3</td><td>结合部</td><td colspan="2">纵、横向结合部符合设计要求,岸坡结合处的填料无分离、架空</td><td></td><td></td><td></td></tr>
<tr><td rowspan="2">一般项目</td><td>1</td><td>铺填层面外观</td><td colspan="2">铺填力求均衡上升,无团块、无粗粒集中</td><td></td><td></td><td></td></tr>
<tr><td>2</td><td>层间结合面</td><td colspan="2">上、下层间的结合面无泥土、杂物等</td><td></td><td></td><td></td></tr>
<tr><td colspan="2">施工单位自评意见</td><td colspan="6">主控项目检验点全部合格,一般项目逐项检验点的合格率均不小于_______%,且不合格检验点不集中分布;各项报验资料_______SL 631—2012 的要求。
工序质量等级评定为:_____________。
(签字,加盖公章) 年 月 日</td></tr>
<tr><td colspan="2">监理单位复核意见</td><td colspan="6">经复核,主控项目检验点全部合格,一般项目逐项检验点的合格率均不小于_______%,且不合格检验点不集中分布;各项报验资料_______SL 631—2012 的要求。
工序质量等级评定为:_____________。
(签字,加盖公章) 年 月 日</td></tr>
</table>

＿＿＿＿＿＿＿＿工程

表 2302.2　反滤(过渡)料铺填压实工序施工质量验收评定表

<table>
<tr><td colspan="2">单位工程名称</td><td colspan="2"></td><td>工序编号</td><td colspan="3"></td></tr>
<tr><td colspan="2">分部工程名称</td><td colspan="2"></td><td>施工单位</td><td colspan="3"></td></tr>
<tr><td colspan="2">单元工程名称、部位</td><td colspan="2"></td><td>施工日期</td><td colspan="3">年　月　日至　年　月　日</td></tr>
<tr><td colspan="2">项次</td><td>检验项目</td><td>质量要求</td><td colspan="2">检查记录</td><td>合格数</td><td>合格率</td></tr>
<tr><td rowspan="2">主控项目</td><td>1</td><td>碾压参数</td><td>压实机具的型号、规格，碾压遍数，碾压速度，碾压振动频率、振幅和碾压加水量符合碾压试验确定的参数值</td><td colspan="2"></td><td></td><td></td></tr>
<tr><td>2</td><td>压实质量</td><td>相对密实度不小于设计要求</td><td colspan="2"></td><td></td><td></td></tr>
<tr><td rowspan="2">一般项目</td><td>1</td><td>压层表面质量</td><td>表面平整，无漏压、欠压和出现弹簧土现象</td><td colspan="2"></td><td></td><td></td></tr>
<tr><td>2</td><td>断面尺寸</td><td>压实后的反滤层、过渡层的断面尺寸偏差值不大于设计厚度的 10%</td><td colspan="2"></td><td></td><td></td></tr>
<tr><td>施工单位自评意见</td><td colspan="7">主控项目检验点全部合格，一般项目逐项检验点的合格率均不小于＿＿＿%，且不合格检验点不集中分布；各项报验资料＿＿＿SL 631—2012 的要求。

工序质量等级评定为：＿＿＿＿＿。

（签字，加盖公章）　　年　月　日</td></tr>
<tr><td>监理单位复核意见</td><td colspan="7">经复核，主控项目检验点全部合格，一般项目逐项检验点的合格率均不小于＿＿＿%，且不合格检验点不集中分布；各项报验资料＿＿＿SL 631—2012 的要求。

工序质量等级评定为：＿＿＿＿＿。

（签字，加盖公章）　　年　月　日</td></tr>
</table>

________工程

表 2303　垫层料铺填单元工程施工质量验收评定表

<table>
<tr><td>单位工程名称</td><td colspan="2"></td><td>单元工程量</td><td></td></tr>
<tr><td>分部工程名称</td><td colspan="2"></td><td>施工单位</td><td></td></tr>
<tr><td>单元工程名称、部位</td><td colspan="2"></td><td>施工日期</td><td>年　月　日至　年　月　日</td></tr>
<tr><td>项次</td><td>工序名称(或编号)</td><td colspan="3">工序质量验收评定等级</td></tr>
<tr><td>1</td><td>垫层料铺填</td><td colspan="3"></td></tr>
<tr><td>2</td><td>△垫层料压实</td><td colspan="3"></td></tr>
<tr><td>施工单位自评意见</td><td colspan="4">各工序施工质量全部合格,其中优良工序占________%,且主要工序达到________等级;各项报验资料________SL 631—2012 的要求。

单元工程质量等级评定为:______________。

(签字,加盖公章)　　　年　月　日</td></tr>
<tr><td>监理单位复核意见</td><td colspan="4">经抽查并查验相关检验报告和检验资料,各工序施工质量全部合格,其中优良工序占________%,且主要工序达到________等级;各项报验资料________SL 631—2012 的要求。

单元工程质量等级评定为:______________。

(签字,加盖公章)　　　年　月　日</td></tr>
</table>

注:1.本表所填“单元工程量”不作为施工单位工程量结算计量的依据。

2.表中“△”为主要工序。

______________工程

表 2303.1　垫层料铺填工序施工质量验收评定表

<table>
<tr><td colspan="3">单位工程名称</td><td colspan="2"></td><td>工序编号</td><td colspan="2"></td></tr>
<tr><td colspan="3">分部工程名称</td><td colspan="2"></td><td>施工单位</td><td colspan="2"></td></tr>
<tr><td colspan="3">单元工程名称、部位</td><td colspan="2"></td><td>施工日期</td><td colspan="2">年　月　日至　　年　月　日</td></tr>
<tr><td colspan="2">项次</td><td colspan="2">检验项目</td><td>质量要求</td><td>检查记录</td><td>合格数</td><td>合格率</td></tr>
<tr><td rowspan="4">主控项目</td><td>1</td><td colspan="2">铺料厚度</td><td>铺料厚度均匀，不超厚；表面平整，边线整齐；检查点允许偏差±3 cm</td><td></td><td></td><td></td></tr>
<tr><td rowspan="2">2</td><td rowspan="2">铺填位置</td><td>垫层与过渡层分界线与坝轴线距离</td><td>符合设计要求，允许偏差-10~0 cm</td><td></td><td></td><td></td></tr>
<tr><td>垫层外坡线距坝轴线(碾压层)</td><td>符合设计要求，允许偏差±5 cm</td><td></td><td></td><td></td></tr>
<tr><td>3</td><td colspan="2">结合部</td><td>垫层摊铺顺序、纵横向结合部符合设计要求；岸坡结合处的填料无分离、架空</td><td></td><td></td><td></td></tr>
<tr><td rowspan="3">一般项目</td><td>1</td><td colspan="2">铺填层面外观</td><td>铺填力求均衡上升，无团块、无粗粒集中</td><td></td><td></td><td></td></tr>
<tr><td>2</td><td colspan="2">接缝重叠宽度</td><td>接缝重叠宽度符合设计要求，检查点允许偏差±10 cm</td><td></td><td></td><td></td></tr>
<tr><td>3</td><td colspan="2">层间结合面</td><td>上、下层间的结合面无撒入泥土、杂物等</td><td></td><td></td><td></td></tr>
<tr><td colspan="2">施工单位自评意见</td><td colspan="6">主控项目检验点全部合格，一般项目逐项检验点的合格率均不小于______%，且不合格检验点不集中分布；各项报验资料______SL 631—2012 的要求。
工序质量等级评定为：____________。
（签字，加盖公章）　　　年　月　日</td></tr>
<tr><td colspan="2">监理单位复核意见</td><td colspan="6">经复核，主控项目检验点全部合格，一般项目逐项检验点的合格率均不小于______%，且不合格检验点不集中分布；各项报验资料______SL 631—2012 的要求。
工序质量等级评定为：____________。
（签字，加盖公章）　　　年　月　日</td></tr>
</table>

________________工程

表 2303.2　垫层料压实工序施工质量验收评定表

<table>
<tr><td colspan="3">单位工程名称</td><td colspan="3"></td><td>工序编号</td><td colspan="2"></td></tr>
<tr><td colspan="3">分部工程名称</td><td colspan="3"></td><td>施工单位</td><td colspan="2"></td></tr>
<tr><td colspan="3">单元工程名称、部位</td><td colspan="3"></td><td>施工日期</td><td colspan="2">年　月　日至　　年　月　日</td></tr>
<tr><td colspan="2">项次</td><td colspan="3">检验项目</td><td>质量标准</td><td>检查记录</td><td>合格数</td><td>合格率</td></tr>
<tr><td rowspan="2">主控项目</td><td>1</td><td colspan="3">碾压参数</td><td>压实机具的型号、规格，碾压遍数，碾压速度，碾压振动频率、振幅和碾压加水量符合碾压试验确定的参数值</td><td></td><td></td><td></td></tr>
<tr><td>2</td><td colspan="3">压实质量</td><td>压实度（或相对密实度）不低于设计要求</td><td></td><td></td><td></td></tr>
<tr><td rowspan="15">一般项目</td><td>1</td><td colspan="3">压层表面质量</td><td>层面平整，无漏压、欠压，各碾压段之间的搭接不小于 1.0 m</td><td></td><td></td><td></td></tr>
<tr><td>2</td><td rowspan="14">垫层坡面保护</td><td colspan="2">保护层材料</td><td>满足设计要求</td><td></td><td></td><td></td></tr>
<tr><td>3</td><td colspan="2">配合比</td><td>满足设计要求</td><td></td><td></td><td></td></tr>
<tr><td rowspan="5">4</td><td rowspan="5">碾压水泥砂浆</td><td>铺料厚度</td><td>设计厚度±3 cm</td><td></td><td></td><td></td></tr>
<tr><td>摊铺每条幅宽度</td><td>0~10 cm</td><td></td><td></td><td></td></tr>
<tr><td>碾压方法及遍数</td><td>满足设计要求</td><td></td><td></td><td></td></tr>
<tr><td>碾压后砂浆表面平整度</td><td>偏离设计线 -8~+5 cm</td><td></td><td></td><td></td></tr>
<tr><td>砂浆初凝前碾压完毕，终凝后洒水养护</td><td>满足设计要求</td><td></td><td></td><td></td></tr>
<tr><td rowspan="4">5</td><td rowspan="4">喷射混凝土或水泥砂浆</td><td>喷层厚度偏离设计线</td><td>±5 cm</td><td></td><td></td><td></td></tr>
<tr><td>喷层施工工艺</td><td>满足设计要求</td><td></td><td></td><td></td></tr>
<tr><td>喷层表面平整度</td><td>±3 cm</td><td></td><td></td><td></td></tr>
<tr><td>喷层终凝后洒水养护</td><td>满足设计要求</td><td></td><td></td><td></td></tr>
<tr><td rowspan="3">6</td><td rowspan="3">阳离子乳化沥青</td><td>喷涂层数</td><td>满足设计要求</td><td></td><td></td><td></td></tr>
<tr><td>喷涂间隔时间</td><td>≥24 h 或满足设计要求</td><td></td><td></td><td></td></tr>
<tr><td>喷涂前清除坡面浮尘，喷涂后随即均匀撒砂</td><td>满足设计要求</td><td></td><td></td><td></td></tr>
<tr><td colspan="2">施工单位自评意见</td><td colspan="7">主控项目检验点全部合格，一般项目逐项检验点的合格率均不小于_______%，且不合格检验点不集中分布；各项报验资料_______SL 631—2012 的要求。

工序质量等级评定为：_______________。
（签字，加盖公章）　　　年　月　日</td></tr>
<tr><td colspan="2">监理单位复核意见</td><td colspan="7">经复核，主控项目检验点全部合格，一般项目逐项检验点的合格率均不小于_______%，且不合格检验点不集中分布；各项报验资料_______SL 631—2012 的要求。

工序质量等级评定为：_______________。
（签字，加盖公章）　　　年　月　日</td></tr>
</table>

______工程

表 2304　排水工程单元工程施工质量验收评定表

<table>
<tr><td colspan="3">单位工程名称</td><td></td><td>单元工程量</td><td colspan="3"></td></tr>
<tr><td colspan="3">分部工程名称</td><td></td><td>施工单位</td><td colspan="3"></td></tr>
<tr><td colspan="3">单元工程名称、部位</td><td></td><td>施工日期</td><td colspan="3">年　月　日至　　年　月　日</td></tr>
<tr><td colspan="2">项次</td><td colspan="2">检验项目</td><td>质量要求</td><td>检查记录</td><td>合格数</td><td>合格率</td></tr>
<tr><td rowspan="2">主控项目</td><td>1</td><td colspan="2">结构型式</td><td>排水体结构型式、纵横向接头处理、排水体的纵坡及防冻保护措施等满足设计要求</td><td></td><td></td><td></td></tr>
<tr><td>2</td><td colspan="2">压实质量</td><td>无漏压、欠压,相对密实度或孔隙率满足设计要求</td><td></td><td></td><td></td></tr>
<tr><td rowspan="6">一般项目</td><td>1</td><td colspan="2">排水设施位置</td><td>排水体位置准确,基底高程、中(边)线偏差±3 cm</td><td></td><td></td><td></td></tr>
<tr><td>2</td><td colspan="2">结合面处理</td><td>层面结合良好,与岸坡结合处的填料无分离、架空现象,无水平通缝;靠近反滤层的石料内小外大,堆石接缝逐层错缝,不垂直相接;表面的砌石平砌,平整美观</td><td></td><td></td><td></td></tr>
<tr><td>3</td><td colspan="2">排水材料摊铺</td><td>摊铺边线整齐,厚度均匀,表面平整,无团块、粗粒集中现象;检测点允许偏差±3 cm</td><td></td><td></td><td></td></tr>
<tr><td>4</td><td colspan="2">排水体结构外轮廓尺寸</td><td>压实后排水体结构外轮廓尺寸不小于设计尺寸的10%</td><td></td><td></td><td></td></tr>
<tr><td rowspan="2">5</td><td rowspan="2">排水体外观</td><td>表面平整度</td><td>符合设计要求。干砌:允许偏差±5 cm;浆砌:允许偏差±3 cm</td><td></td><td></td><td></td></tr>
<tr><td>顶标高</td><td>符合设计要求。干砌:允许偏差±5 cm;浆砌:允许偏差±3 cm</td><td></td><td></td><td></td></tr>
<tr><td>施工单位自评意见</td><td colspan="7">主控项目检验点全部合格,一般项目逐项检验点的合格率均不小于______%,且不合格检验点不集中分布;各项报验资料______SL 631—2012 的要求。
工序质量等级评定为:______。
(签字,加盖公章)　　年　月　日</td></tr>
<tr><td>监理单位复核意见</td><td colspan="7">经复核,主控项目检验点全部合格,一般项目逐项检验点的合格率均不小于______%,且不合格检验点不集中分布;各项报验资料______SL 631—2012 的要求。
工序质量等级评定为:______。
(签字,加盖公章)　　年　月　日</td></tr>
</table>

注:本表所填"单元工程量"不作为施工单位工程量结算计量的依据。

第 4 章　砌石工程

表 2401　干砌石单元工程施工质量验收评定表

表 2402　护坡垫层单元工程施工质量验收评定表

表 2403　水泥砂浆砌石体单元工程施工质量验收评定表

表 2404　混凝土砌石体单元工程施工质量验收评定表

表 2405　水泥砂浆勾缝单元工程施工质量验收评定表

表 2406　土工织物滤层与排水单元工程施工质量验收评定表

表 2407　土工织物防渗体单元工程施工质量验收评定表

表 2408　格宾网单元工程施工质量验收评定表

______________工程

表 2401　干砌石单元工程施工质量验收评定表

<table>
<tr><td colspan="3">单位工程名称</td><td colspan="2"></td><td>单元工程量</td><td colspan="2"></td></tr>
<tr><td colspan="3">分部工程名称</td><td colspan="2"></td><td>施工单位</td><td colspan="2"></td></tr>
<tr><td colspan="3">单元工程名称、部位</td><td colspan="2"></td><td>施工日期</td><td colspan="2">年　月　日至　年　月　日</td></tr>
<tr><td colspan="2">项次</td><td colspan="2">检验项目</td><td>质量要求</td><td>检查记录</td><td>合格数</td><td>合格率</td></tr>
<tr><td rowspan="2">主控项目</td><td>1</td><td colspan="2">石料表观质量</td><td>石料规格符合设计要求</td><td></td><td></td><td></td></tr>
<tr><td>2</td><td colspan="2">砌筑</td><td>自下而上错缝竖砌，石块紧靠密实，垫塞稳固，大块压边；采用水泥砂浆勾缝时，预留排水孔；砌体咬扣紧密、错缝</td><td></td><td></td><td></td></tr>
<tr><td rowspan="5">一般项目</td><td>1</td><td colspan="2">基面处理</td><td>基面处理方法、基础埋置深度符合设计要求</td><td></td><td></td><td></td></tr>
<tr><td>2</td><td colspan="2">基面碎石垫层铺填质量</td><td>碎石垫层料的颗粒级配、铺填方法、铺填厚度及压实度满足设计要求</td><td></td><td></td><td></td></tr>
<tr><td rowspan="3">3</td><td rowspan="3">干砌石体的断面尺寸</td><td>表面平整度</td><td>符合设计要求，允许偏差 5 cm</td><td></td><td></td><td></td></tr>
<tr><td>厚度</td><td>符合设计要求，允许偏差±10%</td><td></td><td></td><td></td></tr>
<tr><td>坡度</td><td>符合设计要求，允许偏差±2%</td><td></td><td></td><td></td></tr>
<tr><td colspan="2">施工单位自评意见</td><td colspan="6">主控项目检验点全部合格，一般项目逐项检验点的合格率均不小于______%，且不合格检验点不集中分布；各项报验资料______SL 631—2012 的要求。
工序质量等级评定为：__________。
（签字，加盖公章）　　年　月　日</td></tr>
<tr><td colspan="2">监理单位复核意见</td><td colspan="6">经复核，主控项目检验点全部合格，一般项目逐项检验点的合格率均不小于______%，且不合格检验点不集中分布；各项报验资料______SL 631—2012 的要求。
工序质量等级评定为：__________。
（签字，加盖公章）　　年　月　日</td></tr>
</table>

注：本表所填“单元工程量”不作为施工单位工程量结算计量的依据。

________________工程

表 2402 护坡垫层单元工程施工质量验收评定表

<table>
<tr><td colspan="3">单位工程名称</td><td></td><td>单元工程量</td><td colspan="2"></td></tr>
<tr><td colspan="3">分部工程名称</td><td></td><td>施工单位</td><td colspan="2"></td></tr>
<tr><td colspan="3">单元工程名称、部位</td><td></td><td>施工日期</td><td colspan="2">年 月 日至 年 月 日</td></tr>
<tr><td colspan="2">项次</td><td>检验项目</td><td>质量要求</td><td>检查记录</td><td>合格数</td><td>合格率</td></tr>
<tr><td rowspan="4">主控项目</td><td rowspan="2">1</td><td rowspan="2">铺料厚度</td><td>铺料厚度均匀，不超厚，表面平整，边线整齐</td><td></td><td></td><td></td></tr>
<tr><td>检测点允许偏差不大于铺料厚度的 10%</td><td></td><td></td><td></td></tr>
<tr><td>2</td><td>铺填位置</td><td>铺填位置准确.摊铺边线整齐，边线偏差±5 cm</td><td></td><td></td><td></td></tr>
<tr><td>3</td><td>结合部</td><td>纵横向符合设计要求，岸坡结合处的填料无分离、架空</td><td></td><td></td><td></td></tr>
<tr><td rowspan="2">一般项目</td><td>1</td><td>铺填层面外观</td><td>铺填力求均衡上升，无团块、无粗粒集中</td><td></td><td></td><td></td></tr>
<tr><td>2</td><td>层间结合面</td><td>上下层间的结合面无泥土、杂物等</td><td></td><td></td><td></td></tr>
<tr><td>施工单位自评意见</td><td colspan="6">主控项目检验点全部合格，一般项目逐项检验点的合格率均不小于______%，且不合格检验点不集中分布；各项报验资料______SL 631—2012 的要求。

工序质量等级评定为：____________。

（签字，加盖公章） 年 月 日</td></tr>
<tr><td>监理单位复核意见</td><td colspan="6">经复核，主控项目检验点全部合格，一般项目逐项检验点的合格率均不小于______%，且不合格检验点不集中分布；各项报验资料______SL 631—2012 的要求。

工序质量等级评定为：____________。

（签字，加盖公章） 年 月 日</td></tr>
</table>

注：本表所填“单元工程量”不作为施工单位工程量结算计量的依据。

______________工程

表 2403　水泥砂浆砌石体单元工程施工质量验收评定表

<table>
<tr><td colspan="2">单位工程名称</td><td></td><td>单元工程量</td><td></td></tr>
<tr><td colspan="2">分部工程名称</td><td></td><td>施工单位</td><td></td></tr>
<tr><td colspan="2">单元工程名称、部位</td><td></td><td>施工日期</td><td>年　月　日至　　年　月　日</td></tr>
<tr><td>项次</td><td>工序名称(或编号)</td><td colspan="3">工序质量验收评定等级</td></tr>
<tr><td>1</td><td>层面处理</td><td colspan="3"></td></tr>
<tr><td>2</td><td>△砌筑</td><td colspan="3"></td></tr>
<tr><td>3</td><td>伸缩缝(填充材料)</td><td colspan="3"></td></tr>
<tr><td>施工单位自评意见</td><td colspan="4">各工序施工质量全部合格,其中优良工序占______%,且主要工序达到______等级;各项报验资料______SL 631—2012 的要求。
单元工程质量等级评定为:____________。
(签字,加盖公章)　　　年　月　日</td></tr>
<tr><td>监理单位复核意见</td><td colspan="4">经抽查并查验相关检验报告和检验资料,各工序施工质量全部合格,其中优良工序占______%,且主要工序达到______等级;各项报验资料______SL 631—2012 的要求。
单元工程质量等级评定为:____________。
(签字,加盖公章)　　　年　月　日</td></tr>
</table>

注:本表所填“单元工程量”不作为施工单位工程量结算计量的依据。

______工程

表 2403.1 水泥砂浆砌石体层面处理工序施工质量验收评定表

<table>
<tr><td colspan="3">单位工程名称</td><td colspan="2"></td><td>工序编号</td><td colspan="3"></td></tr>
<tr><td colspan="3">分部工程名称</td><td colspan="2"></td><td>施工单位</td><td colspan="3"></td></tr>
<tr><td colspan="3">单元工程名称、部位</td><td colspan="2"></td><td>施工日期</td><td colspan="3">年 月 日至 年 月 日</td></tr>
<tr><td colspan="2">项次</td><td>检验项目</td><td colspan="2">质量要求</td><td colspan="2">检查记录</td><td>合格数</td><td>合格率</td></tr>
<tr><td rowspan="2">主控项目</td><td>1</td><td>砌体仓面清理</td><td colspan="2">仓面干净，表面湿润均匀；无浮渣，无杂物，无积水，无松动石块</td><td colspan="2"></td><td></td><td></td></tr>
<tr><td>2</td><td>表面处理</td><td colspan="2">垫层混凝土表面、砌石体表面局部光滑的砂浆表面应凿毛，毛面面积应不小于95%的总面积</td><td colspan="2"></td><td></td><td></td></tr>
<tr><td>一般项目</td><td>1</td><td>垫层混凝土</td><td colspan="2">已浇垫层混凝土，在抗压强度未达到设计要求前，不应在其面层上进行上层砌石的准备工作</td><td colspan="2"></td><td></td><td></td></tr>
<tr><td colspan="2">施工单位自评意见</td><td colspan="7">主控项目检验点全部合格，一般项目逐项检验点的合格率均不小于______%，且不合格检验点不集中分布；各项报验资料______SL 631—2012 的要求。

工序质量等级评定为：______。

（签字，加盖公章） 年 月 日</td></tr>
<tr><td colspan="2">监理单位复核意见</td><td colspan="7">经复核，主控项目检验点全部合格，一般项目逐项检验点的合格率均不小于______%，且不合格检验点不集中分布；各项报验资料______SL 631—2012 的要求。

工序质量等级评定为：______。

（签字，加盖公章） 年 月 日</td></tr>
</table>

______________工程

表 2403.2　水泥砂浆砌石体砌筑工序施工质量验收评定表

<table>
<tr><td colspan="3">单位工程名称</td><td colspan="5"></td><td>工序编号</td><td colspan="3"></td></tr>
<tr><td colspan="3">分部工程名称</td><td colspan="5"></td><td>施工单位</td><td colspan="3"></td></tr>
<tr><td colspan="3">单元工程名称、部位</td><td colspan="5"></td><td>施工日期</td><td colspan="3">年　月　日至　　年　月　日</td></tr>
<tr><td colspan="2">项次</td><td colspan="5">检验项目</td><td>质量要求</td><td>检查记录</td><td>合格数</td><td>合格率</td></tr>
<tr><td rowspan="7">主控项目</td><td>1</td><td colspan="5">石料表观质量</td><td>石料规格符合设计要求，表面湿润、无泥垢、油渍等污物</td><td></td><td></td><td></td></tr>
<tr><td>2</td><td colspan="5">普通砌石体砌筑</td><td>铺浆均匀，无裸露石块；灌浆、塞缝饱满，砌缝密实，无架空等现象</td><td></td><td></td><td></td></tr>
<tr><td>3</td><td colspan="5">墩、墙砌石体砌筑</td><td>先砌筑角石，再砌筑镶面石，最后砌筑填腹石；镶面石的厚度应不小于 30 cm；临时间断处的高低差应不大于 1.0 m，并留有平缓台阶</td><td></td><td></td><td></td></tr>
<tr><td>4</td><td colspan="5">墩、墙砌筑型式</td><td>内外搭砌，上下错缝；丁砌石分布均匀，面积不少于墩、墙砌体全部面积的 1/5，且长度大于 60 cm；毛块石分层卧砌，无填心砌法每砌筑 70~120 cm 高度找平 1 次，砌缝宽度基本一致</td><td></td><td></td><td></td></tr>
<tr><td>5</td><td rowspan="3">砌石坝</td><td colspan="4">砌石体质量</td><td>密度、孔隙率应符合设计要求</td><td></td><td></td><td></td></tr>
<tr><td>6</td><td colspan="4">抗渗性能</td><td>对有抗渗要求的部位，砌体透水率（吕荣 Lu）应符合设计要求</td><td></td><td></td><td></td></tr>
<tr><td>7</td><td colspan="4">砌缝饱满度与密实度</td><td>饱满且密实</td><td></td><td></td><td></td></tr>
<tr><td rowspan="4">一般项目</td><td>1</td><td colspan="5">水泥砂浆沉入度</td><td rowspan="4">允许偏差 10%</td><td rowspan="4"></td><td rowspan="4"></td><td rowspan="4"></td></tr>
<tr><td rowspan="3">2</td><td rowspan="3">砌缝宽度（mm）</td><td>类别</td><td>粗料石</td><td>预制块</td><td>块石</td></tr>
<tr><td>平缝</td><td>15~20</td><td>10~15</td><td>20~25</td></tr>
<tr><td>竖缝</td><td>20~30</td><td>15~20</td><td>20~40</td></tr>
</table>

________________工程

续表 2403.2

项次		检验项目				质量要求	检查记录	合格数	合格率
一般项目	3	浆砌石坝体的外轮廓尺寸（mm）	坝体轮廓线	水平断面		±40			
				高程	重力坝	±30			
					拱坝、支墩坝	±20			
			浆砌石（混凝土预制块）护坡	表面平整度	浆砌石	<30			
					混凝土预制块	<10			
				厚度	浆砌石	±30			
					混凝土预制块	±10			
				坡度		±2%			
	4	浆砌石墩、墙砌体位置、尺寸（mm）	轴线位置偏移			10			
			顶面标高			±15			
			厚度	浆砌石		±10			
				混凝土预制块		±20			
	5	浆砌石溢洪道溢流面砌筑结构尺寸允许偏差（mm）	砌缝类别	平缝宽 15		±2			
				竖缝宽 15~20		±2			
			平面控制	堰顶		±10			
				轮廓线		±20			
			竖向控制	堰顶		±10			
				其他位置		±20			
			表面平整度			20			

施工单位自评意见	主控项目检验点全部合格，一般项目逐项检验点的合格率均不小于________%，且不合格检验点不集中分布；各项报验资料________SL 631—2012 的要求。 工序质量等级评定为：______________。 （签字，加盖公章）　　年　月　日
监理单位复核意见	经复核，主控项目检验点全部合格，一般项目逐项检验点的合格率均不小于________%，且不合格检验点不集中分布；各项报验资料________SL 631—2012 的要求。 工序质量等级评定为：______________。 （签字，加盖公章）　　年　月　日

________________工程

表 2403.3　水泥砂浆砌石体伸缩缝工序施工质量验收评定表

<table>
<tr><td colspan="2">单位工程名称</td><td colspan="2"></td><td>工序编号</td><td colspan="3"></td></tr>
<tr><td colspan="2">分部工程名称</td><td colspan="2"></td><td>施工单位</td><td colspan="3"></td></tr>
<tr><td colspan="2">单元工程名称、部位</td><td colspan="2"></td><td>施工日期</td><td colspan="3">年　月　日至　　年　月　日</td></tr>
<tr><td colspan="2">项次</td><td>检验项目</td><td colspan="2">质量要求</td><td>检查记录</td><td>合格数</td><td>合格率</td></tr>
<tr><td rowspan="2">主控项目</td><td>1</td><td>伸缩缝缝面</td><td colspan="2">平整、顺直、干燥,外露铁件应割除,确保伸缩有效</td><td></td><td></td><td></td></tr>
<tr><td>2</td><td>材料质量</td><td colspan="2">符合设计要求</td><td></td><td></td><td></td></tr>
<tr><td rowspan="3">一般项目</td><td>1</td><td>涂敷沥青料</td><td colspan="2">涂刷均匀平整、与混凝土黏结紧密,无气泡及隆起现象</td><td></td><td></td><td></td></tr>
<tr><td>2</td><td>粘贴沥青油毛毡</td><td colspan="2">铺设厚度均匀平整、牢固、搭接紧密</td><td></td><td></td><td></td></tr>
<tr><td>3</td><td>铺设预制油毡板或其他闭缝板</td><td colspan="2">铺设厚度均匀平整、牢固、相邻块安装紧密平整无缝</td><td></td><td></td><td></td></tr>
<tr><td>施工单位自评意见</td><td colspan="7">主控项目检验点全部合格,一般项目逐项检验点的合格率均不小于________%,且不合格检验点不集中分布;各项报验资料________SL 631—2012 的要求。

工序质量等级评定为:____________。

(签字,加盖公章)　　　　年　月　日</td></tr>
<tr><td>监理单位复核意见</td><td colspan="7">经复核,主控项目检验点全部合格,一般项目逐项检验点的合格率均不小于________%,且不合格检验点不集中分布;各项报验资料________SL 631—2012 的要求。

工序质量等级评定为:____________。

(签字,加盖公章)　　　　年　月　日</td></tr>
</table>

________工程

表 2404　混凝土砌石体单元工程施工质量验收评定表

<table>
<tr><td colspan="2">单位工程名称</td><td></td><td>单元工程量</td><td></td></tr>
<tr><td colspan="2">分部工程名称</td><td></td><td>施工单位</td><td></td></tr>
<tr><td colspan="2">单元工程名称、部位</td><td></td><td>施工日期</td><td>年　月　日至　年　月　日</td></tr>
<tr><td>项次</td><td>工序名称(或编号)</td><td colspan="3">工序质量验收评定等级</td></tr>
<tr><td>1</td><td>层面处理</td><td colspan="3"></td></tr>
<tr><td>2</td><td>△砌筑</td><td colspan="3"></td></tr>
<tr><td>3</td><td>伸缩缝</td><td colspan="3"></td></tr>
<tr><td>施工单位自评意见</td><td colspan="4">各工序施工质量全部合格，其中优良工序占______%，且主要工序达到______等级；各项报验资料______SL 631—2012 的要求。
单元工程质量等级评定为：__________。
（签字，加盖公章）　　年　月　日</td></tr>
<tr><td>监理单位复核意见</td><td colspan="4">经抽查并查验相关检验报告和检验资料，各工序施工质量全部合格，其中优良工序占______%，且主要工序达到______等级；各项报验资料______SL 631—2012 的要求。
单元工程质量等级评定为：__________。
（签字，加盖公章）　　年　月　日</td></tr>
</table>

注：本表所填“单元工程量”不作为施工单位工程量结算计量的依据。

________________工程

表 2404.1　混凝土砌石体层面处理工序施工质量验收评定表

<table>
<tr><td colspan="3">单位工程名称</td><td colspan="2"></td><td>工序编号</td><td></td></tr>
<tr><td colspan="3">分部工程名称</td><td colspan="2"></td><td>施工单位</td><td></td></tr>
<tr><td colspan="3">单元工程名称、部位</td><td colspan="2"></td><td>施工日期</td><td>年　月　日至　　年　月　日</td></tr>
<tr><td colspan="2">项次</td><td>检验项目</td><td>质量要求</td><td>检查记录</td><td>合格数</td><td>合格率</td></tr>
<tr><td rowspan="2">主控项目</td><td>1</td><td>砌体仓面清理</td><td>仓面干净，表面湿润均匀；无浮渣，无杂物，无积水，无松动石块</td><td></td><td></td><td></td></tr>
<tr><td>2</td><td>表面处理</td><td>垫层混凝土表面、砌石体表面局部光滑的砂浆表面应凿毛，毛面面积应不小于95%的总面积</td><td></td><td></td><td></td></tr>
<tr><td>一般项目</td><td>1</td><td>垫层混凝土</td><td>已浇垫层混凝土，在抗压强度未达到设计要求前，不应在其面层上进行上层砌石的准备工作</td><td></td><td></td><td></td></tr>
<tr><td>施工单位自评意见</td><td colspan="6">主控项目检验点全部合格，一般项目逐项检验点的合格率均不小于________%，且不合格检验点不集中分布；各项报验资料________SL 631—2012 的要求。

工序质量等级评定为：________________。

（签字，加盖公章）　　　年　月　日</td></tr>
<tr><td>监理单位复核意见</td><td colspan="6">经复核，主控项目检验点全部合格，一般项目逐项检验点的合格率均不小于________%，且不合格检验点不集中分布；各项报验资料________SL 631—2012 的要求。

工序质量等级评定为：________________。

（签字，加盖公章）　　　年　月　日</td></tr>
</table>

______________工程

表 2404.2　混凝土砌石体砌筑工序施工质量验收评定表

<table>
<tr><td colspan="2">单位工程名称</td><td colspan="5"></td><td colspan="2">工序编号</td><td colspan="6"></td></tr>
<tr><td colspan="2">分部工程名称</td><td colspan="5"></td><td colspan="2">施工单位</td><td colspan="6"></td></tr>
<tr><td colspan="2">单元工程名称、部位</td><td colspan="5"></td><td colspan="2">施工日期</td><td colspan="6">年　月　日至　　年　月　日</td></tr>
<tr><td colspan="2">项次</td><td colspan="5">检验项目</td><td colspan="5">质量标准</td><td>检查记录</td><td>合格数</td><td>合格率</td></tr>
<tr><td rowspan="4">主控项目</td><td>1</td><td colspan="5">石料表观质量</td><td colspan="5">石料规格应符合设计要求，表面湿润，无泥垢及油渍等污物</td><td></td><td></td><td></td></tr>
<tr><td>2</td><td colspan="5">砌石体砌筑</td><td colspan="5">混凝土铺设均匀，无裸露石块；砌石体灌注、塞缝混凝土饱满，砌缝密实，无架空现象</td><td></td><td></td><td></td></tr>
<tr><td>3</td><td colspan="5">腹石砌筑型式</td><td colspan="5">粗料石砌筑，宜一丁一顺或一丁多顺；毛石砌筑，石块之间不应出现线或面接触</td><td></td><td></td><td></td></tr>
<tr><td>4</td><td colspan="5">砌石体质量</td><td colspan="5">抗渗性、密度、孔隙率应符合设计要求</td><td></td><td></td><td></td></tr>
<tr><td rowspan="13">一般项目</td><td>1</td><td colspan="5">混凝土维勃稠度或坍落度</td><td colspan="5">拌和物均匀，混凝土维勃稠度偏离设计中值不大于 2 s 或坍落度偏离设计中值不大于 2 cm</td><td></td><td></td><td></td></tr>
<tr><td rowspan="4">2</td><td colspan="5" rowspan="4">表面砌缝宽度</td><td rowspan="2">砌缝类别</td><td colspan="3">棚缝宽度(mm)</td><td rowspan="2">允许偏差(%)</td><td rowspan="4"></td><td rowspan="4"></td><td rowspan="4"></td></tr>
<tr><td>粗料石</td><td>预制块</td><td>块石</td></tr>
<tr><td>平缝</td><td>25~30</td><td>20~25</td><td>30~35</td><td rowspan="2">10</td></tr>
<tr><td>竖缝</td><td>30~40</td><td>25~30</td><td>30~50</td></tr>
<tr><td rowspan="8">3</td><td rowspan="8">混凝土砌石体的外轮廓尺寸</td><td rowspan="8">混凝土砌石坝体的外轮廓尺寸允许偏差(mm)</td><td rowspan="3">坝体轮廓线</td><td colspan="2">水平断面</td><td colspan="5">±40</td><td rowspan="8"></td><td rowspan="8"></td><td rowspan="8"></td></tr>
<tr><td rowspan="2">高程</td><td>重力坝</td><td colspan="5">±30</td></tr>
<tr><td>拱坝、支墩坝</td><td colspan="5">±20</td></tr>
<tr><td rowspan="5">浆砌石(混凝土预制块)护坡</td><td rowspan="2">表面平整度</td><td>浆砌石</td><td colspan="5">≤30</td></tr>
<tr><td>混凝土预制块</td><td colspan="5">≤10</td></tr>
<tr><td rowspan="2">厚度</td><td>浆砌石</td><td colspan="5">±30</td></tr>
<tr><td>混凝土预制块</td><td colspan="5">±10</td></tr>
<tr><td colspan="2">坡度</td><td colspan="5">±2%</td></tr>
</table>

______________工程

续表 2403.2

<table>
<tr><th>项次</th><th colspan="4">检验项目</th><th>质量要求</th><th>检查记录</th><th>合格数</th><th>合格率</th></tr>
<tr><td rowspan="13">一般项目</td><td rowspan="13">3</td><td rowspan="13">混凝土砌石体的外轮廓尺寸</td><td rowspan="4">混凝土砌石墩、墙砌体位置、尺寸允许偏差(mm)</td><td colspan="2">轴线位置偏移</td><td>10</td><td rowspan="13"></td><td rowspan="13"></td><td rowspan="13"></td></tr>
<tr><td colspan="2">顶面标高</td><td>±15</td></tr>
<tr><td rowspan="2">厚度</td><td>设闸门部位</td><td>±10</td></tr>
<tr><td>无闸门部位</td><td>±20</td></tr>
<tr><td rowspan="7">混凝土砌石溢洪道溢流面砌筑结构尺寸允许偏差(mm)</td><td rowspan="2">砌缝类别</td><td>平缝宽 15</td><td>±2</td></tr>
<tr><td>竖缝宽 15~20</td><td>±2</td></tr>
<tr><td rowspan="2">平面控制</td><td>堰顶</td><td>±10</td></tr>
<tr><td>轮廓线</td><td>±20</td></tr>
<tr><td rowspan="2">竖向控制</td><td>堰顶</td><td>±10</td></tr>
<tr><td>其他位置</td><td>±20</td></tr>
<tr><td colspan="2">表面平整度</td><td>20</td></tr>
<tr><td colspan="2">施工单位自评意见</td><td colspan="7">主控项目检验点全部合格,一般项目逐项检验点的合格率均不小于______%,且不合格检验点不集中分布;各项报验资料______SL 631—2012 的要求。

工序质量等级评定为:______________。

(签字,加盖公章)　　　年　月　日</td></tr>
<tr><td colspan="2">监理单位复核意见</td><td colspan="7">经复核,主控项目检验点全部合格,一般项目逐项检验点的合格率均不小于______%,且不合格检验点不集中分布;各项报验资料______SL 631—2012 的要求。

工序质量等级评定为:______________。

(签字,加盖公章)　　　年　月　日</td></tr>
</table>

________工程

表 2404.3　混凝土砌石体伸缩缝工序施工质量验收评定表

<table>
<tr><td colspan="3">单位工程名称</td><td colspan="2"></td><td>工序编号</td><td colspan="2"></td></tr>
<tr><td colspan="3">分部工程名称</td><td colspan="2"></td><td>施工单位</td><td colspan="2"></td></tr>
<tr><td colspan="3">单元工程名称、部位</td><td colspan="2"></td><td>施工日期</td><td colspan="2">年　月　日至　年　月　日</td></tr>
<tr><td colspan="2">项次</td><td>检验项目</td><td>质量要求</td><td colspan="2">检查记录</td><td>合格数</td><td>合格率</td></tr>
<tr><td rowspan="2">主控项目</td><td>1</td><td>伸缩缝缝面</td><td>平整、顺直、干燥，外露铁件应割除，确保伸缩有效</td><td colspan="2"></td><td></td><td></td></tr>
<tr><td>2</td><td>材料质量</td><td>符合设计要求</td><td colspan="2"></td><td></td><td></td></tr>
<tr><td rowspan="3">一般项目</td><td>1</td><td>涂敷沥青料</td><td>涂刷均匀平整、与混凝土黏结紧密，无气泡及隆起现象</td><td colspan="2"></td><td></td><td></td></tr>
<tr><td>2</td><td>粘贴沥青油毛毡</td><td>铺设厚度均匀平整、牢固、搭接紧密</td><td colspan="2"></td><td></td><td></td></tr>
<tr><td>3</td><td>铺设预制油毡板或其他闭缝板</td><td>铺设厚度均匀平整、牢固、相邻块安装紧密平整无缝</td><td colspan="2"></td><td></td><td></td></tr>
<tr><td colspan="2">施工单位自评意见</td><td colspan="6">主控项目检验点全部合格，一般项目逐项检验点的合格率均不小于______%，且不合格检验点不集中分布；各项报验资料______SL 631—2012 的要求。

工序质量等级评定为：__________。

（签字，加盖公章）　　年　月　日</td></tr>
<tr><td colspan="2">监理单位复核意见</td><td colspan="6">经复核，主控项目检验点全部合格，一般项目逐项检验点的合格率均不小于______%，且不合格检验点不集中分布；各项报验资料______SL 631—2012 的要求。

工序质量等级评定为：__________。

（签字，加盖公章）　　年　月　日</td></tr>
</table>

________________工程

表 2405　水泥砂浆勾缝单元工程施工质量验收评定表

<table>
<tr><td colspan="3">单位工程名称</td><td colspan="2"></td><td>单元工程量</td><td colspan="2"></td></tr>
<tr><td colspan="3">分部工程名称</td><td colspan="2"></td><td>施工单位</td><td colspan="2"></td></tr>
<tr><td colspan="3">单元工程名称、部位</td><td colspan="2"></td><td>施工日期</td><td colspan="2">年　月　日至　　年　月　日</td></tr>
<tr><td colspan="2">项次</td><td colspan="2">检验项目</td><td>质量要求</td><td>检查记录</td><td>合格数</td><td>合格率</td></tr>
<tr><td rowspan="4">主控项目</td><td rowspan="2">1</td><td rowspan="2">清缝</td><td>水平缝</td><td>清缝宽度不小于砌缝宽度，清缝深度不小于 4 cm，缝槽清洗干净，缝面湿润，无残留灰渣和积水</td><td rowspan="2"></td><td rowspan="2"></td><td rowspan="2"></td></tr>
<tr><td>竖缝</td><td>清缝宽度不小于砌缝宽度，清缝深度不小于 5 cm，缝槽清洗干净，缝面湿润，无残留灰渣和积水</td></tr>
<tr><td>2</td><td colspan="2">勾缝</td><td>勾缝型式符合设计要求，分次向缝内填充、压实，密实度达到要求，砂浆初凝后不应扰动</td><td></td><td></td><td></td></tr>
<tr><td>3</td><td colspan="2">养护</td><td>有效及时，一般砌体养护 28 d；对有防渗要求的砌体养护时间应满足设计要求。养护期内表面保持湿润，无时干时湿现象</td><td></td><td></td><td></td></tr>
<tr><td>一般项目</td><td>1</td><td colspan="2">水泥砂浆沉入度</td><td>符合设计要求，允许偏差±1 cm</td><td></td><td></td><td></td></tr>
<tr><td colspan="2">施工单位自评意见</td><td colspan="6">主控项目检验点全部合格，一般项目逐项检验点的合格率均不小于_______%，且不合格检验点不集中分布；各项报验资料_______SL 631—2012 的要求。

工序质量等级评定为：______________。

（签字，加盖公章）　　　　年　月　日</td></tr>
<tr><td colspan="2">监理单位复核意见</td><td colspan="6">经复核，主控项目检验点全部合格，一般项目逐项检验点的合格率均不小于_______%，且不合格检验点不集中分布；各项报验资料_______SL 631—2012 的要求。

工序质量等级评定为：______________。

（签字，加盖公章）　　　　年　月　日</td></tr>
</table>

注：本表所填“单元工程量”不作为施工单位工程量结算计量的依据。

________________工程

表 2406　土工织物滤层与排水单元工程施工质量验收评定表

<table>
<tr><td colspan="2">单位工程名称</td><td></td><td>单元工程量</td><td></td></tr>
<tr><td colspan="2">分部工程名称</td><td></td><td>施工单位</td><td></td></tr>
<tr><td colspan="2">单元工程名称、部位</td><td></td><td>施工日期</td><td>年　月　日至　　年　月　日</td></tr>
<tr><td>项次</td><td>工序名称(或编号)</td><td colspan="3">工序质量验收评定等级</td></tr>
<tr><td>1</td><td>场地清理与垫层料铺设</td><td colspan="3"></td></tr>
<tr><td>2</td><td>织物备料</td><td colspan="3"></td></tr>
<tr><td>3</td><td>△土工织物铺设</td><td colspan="3"></td></tr>
<tr><td>4</td><td>回填和表面防护</td><td colspan="3"></td></tr>
<tr><td>施工单位自评意见</td><td colspan="4">各工序施工质量全部合格,其中优良工序占______%,且主要工序达到______等级;各项报验资料______SL 631—2012 的要求。

单元工程质量等级评定为:____________。

(签字,加盖公章)　　　　年　月　日</td></tr>
<tr><td>监理单位复核意见</td><td colspan="4">经抽查并查验相关检验报告和检验资料,各工序施工质量全部合格,其中优良工序占______%,且主要工序达到______等级;各项报验资料______ SL 631—2012 的要求。

单元工程质量等级评定为:____________。

(签字,加盖公章)　　　　年　月　日</td></tr>
</table>

注:本表所填"单元工程量"不作为施工单位工程量结算计量的依据。

____________工程

表 2406.1　场地清理与垫层料铺设工序施工质量验收评定表

<table>
<tr><td colspan="2">单位工程名称</td><td colspan="2"></td><td>工序编号</td><td colspan="3"></td></tr>
<tr><td colspan="2">分部工程名称</td><td colspan="2"></td><td>施工单位</td><td colspan="3"></td></tr>
<tr><td colspan="2">单元工程名称、部位</td><td colspan="2"></td><td>施工日期</td><td colspan="3">年　月　日至　　年　月　日</td></tr>
<tr><td colspan="2">项次</td><td>检验项目</td><td>质量要求</td><td colspan="2">检查记录</td><td>合格数</td><td>合格率</td></tr>
<tr><td rowspan="2">主控项目</td><td>1</td><td>场地清理</td><td>地面无尖棱硬物，无凹坑，基面平整</td><td colspan="2"></td><td></td><td></td></tr>
<tr><td>2</td><td>垫层料的铺填</td><td>铺摊厚度均匀，碾压密实度符合设计要求</td><td colspan="2"></td><td></td><td></td></tr>
<tr><td>一般项目</td><td>1</td><td>场地清理、平整及铺设范围</td><td>场地清理平整与垫层料铺设的范围符合设计的要求</td><td colspan="2"></td><td></td><td></td></tr>
<tr><td colspan="2">施工单位自评意见</td><td colspan="6">主控项目检验点全部合格，一般项目逐项检验点的合格率均不小于______%，且不合格检验点不集中分布；各项报验资料______SL 631—2012 的要求。
工序质量等级评定为：__________。
（签字，加盖公章）　　　年　月　日</td></tr>
<tr><td colspan="2">监理单位复核意见</td><td colspan="6">经复核，主控项目检验点全部合格，一般项目逐项检验点的合格率均不小于______%，且不合格检验点不集中分布；各项报验资料______SL 631—2012 的要求。
工序质量等级评定为：__________。
（签字，加盖公章）　　　年　月　日</td></tr>
</table>

________工程

表 2406.2　织物备料工序施工质量验收评定表

<table>
<tr><td colspan="2">单位工程名称</td><td colspan="2"></td><td>工序编号</td><td colspan="2"></td></tr>
<tr><td colspan="2">分部工程名称</td><td colspan="2"></td><td>施工单位</td><td colspan="2"></td></tr>
<tr><td colspan="2">单元工程名称、部位</td><td colspan="2"></td><td>施工日期</td><td colspan="2">年　月　日至　年　月　日</td></tr>
<tr><td colspan="2">项次</td><td>检验项目</td><td>质量要求</td><td>检查记录</td><td>合格数</td><td>合格率</td></tr>
<tr><td>主控项目</td><td>1</td><td>土工织物的性能指标</td><td>土工织物的物理性能指标、力学性能指标、水力学指标，以及耐久性指标均应符合设计要求</td><td></td><td></td><td></td></tr>
<tr><td>一般项目</td><td>1</td><td>土工织物的外观质量</td><td>无疵点、破洞等</td><td></td><td></td><td></td></tr>
<tr><td>施工单位自评意见</td><td colspan="6">主控项目检验点全部合格，一般项目逐项检验点的合格率均不小于______%，且不合格检验点不集中分布；各项报验资料______SL 631—2012 的要求。

工序质量等级评定为：__________。

（签字，加盖公章）　　年　月　日</td></tr>
<tr><td>监理单位复核意见</td><td colspan="6">经复核，主控项目检验点全部合格，一般项目逐项检验点的合格率均不小于______%，且不合格检验点不集中分布；各项报验资料______SL 631—2012 的要求。

工序质量等级评定为：__________。

（签字，加盖公章）　　年　月　日</td></tr>
</table>

________工程

表 2406.3　土工织物铺设工序施工质量验收评定表

<table>
<tr><td colspan="2">单位工程名称</td><td colspan="2"></td><td>工序编号</td><td colspan="2"></td></tr>
<tr><td colspan="2">分部工程名称</td><td colspan="2"></td><td>施工单位</td><td colspan="2"></td></tr>
<tr><td colspan="2">单元工程名称、部位</td><td colspan="2"></td><td>施工日期</td><td colspan="2">年　月　日至　年　月　日</td></tr>
<tr><td colspan="2">项次</td><td>检验项目</td><td>质量要求</td><td>检查记录</td><td>合格数</td><td>合格率</td></tr>
<tr><td rowspan="2">主控项目</td><td>1</td><td>铺设</td><td>土工织物铺设工艺符合要求，平顺、松紧适度、无皱褶，与土面密贴；场地洁净，无污物污染，施工人员佩带满足现场操作要求</td><td></td><td></td><td></td></tr>
<tr><td>2</td><td>拼接</td><td>搭接或缝接符合设计要求，缝接宽度不小于 10 cm；平地搭接宽度不小于 30 cm；不平整场地或极软土搭接宽度不小于 50 cm；水下及受水流冲击部位应采用缝接，缝接宽度不小于 25 cm，且缝成两道缝</td><td></td><td></td><td></td></tr>
<tr><td>一般项目</td><td>1</td><td>周边锚固</td><td>锚固型式以及坡面防滑钉的设置符合设计要求。水平铺设时其周边宜将土工织物延长回折，做成压枕的型式</td><td></td><td></td><td></td></tr>
<tr><td colspan="2">施工单位自评意见</td><td colspan="5">主控项目检验点全部合格，一般项目逐项检验点的合格率均不小于________%，且不合格检验点不集中分布；各项报验资料________SL 631—2012 的要求。
工序质量等级评定为：____________。
（签字，加盖公章）　　年　月　日</td></tr>
<tr><td colspan="2">监理单位复核意见</td><td colspan="5">经复核，主控项目检验点全部合格，一般项目逐项检验点的合格率均不小于________%，且不合格检验点不集中分布；各项报验资料________SL 631—2012 的要求。
工序质量等级评定为：____________。
（签字，加盖公章）　　年　月　日</td></tr>
</table>

________工程

表 2406.4　回填和表面防护工序施工质量验收评定表

<table>
<tr><td colspan="3">单位工程名称</td><td></td><td>工序编号</td><td colspan="3"></td></tr>
<tr><td colspan="3">分部工程名称</td><td></td><td>施工单位</td><td colspan="3"></td></tr>
<tr><td colspan="3">单元工程名称、部位</td><td></td><td>施工日期</td><td colspan="3">年　月　日至　年　月　日</td></tr>
<tr><td colspan="2">项次</td><td>检验项目</td><td colspan="2">质量要求</td><td>检查记录</td><td>合格数</td><td>合格率</td></tr>
<tr><td rowspan="2">主控项目</td><td>1</td><td>回填材料质量</td><td colspan="2">回填材料性能指标符合设计要求，且不应含有损坏织物的物质</td><td></td><td></td><td></td></tr>
<tr><td>2</td><td>回填时间</td><td colspan="2">及时，回填覆盖时间超过 48 h 应采取临时遮阳措施</td><td></td><td></td><td></td></tr>
<tr><td>一般项目</td><td>1</td><td>回填保护层厚度及压实度</td><td colspan="2">符合设计要求，厚度允许偏差 0～5 cm，压实度符合设计要求</td><td></td><td></td><td></td></tr>
<tr><td>施工单位自评意见</td><td colspan="7">主控项目检验点全部合格，一般项目逐项检验点的合格率均不小于______%，且不合格检验点不集中分布；各项报验资料______SL 631—2012 的要求。

工序质量等级评定为：__________。

（签字，加盖公章）　　年　月　日</td></tr>
<tr><td>监理单位复核意见</td><td colspan="7">经复核，主控项目检验点全部合格，一般项目逐项检验点的合格率均不小于______%，且不合格检验点不集中分布；各项报验资料______SL 631—2012 的要求。

工序质量等级评定为：__________。

（签字，加盖公章）　　年　月　日</td></tr>
</table>

______________工程

表 2407　土工织物防渗体单元工程施工质量验收评定表

<table>
<tr><td colspan="2">单位工程名称</td><td></td><td>单元工程量</td><td></td></tr>
<tr><td colspan="2">分部工程名称</td><td></td><td>施工单位</td><td></td></tr>
<tr><td colspan="2">单元工程名称、部位</td><td></td><td>施工日期</td><td>年　月　日至　　年　月　日</td></tr>
<tr><td>项次</td><td>工序名称(或编号)</td><td colspan="3">工序质量验收评定等级</td></tr>
<tr><td>1</td><td>下垫层和支持层</td><td colspan="3"></td></tr>
<tr><td>2</td><td>土工膜备料</td><td colspan="3"></td></tr>
<tr><td>3</td><td>△土工膜铺设</td><td colspan="3"></td></tr>
<tr><td>4</td><td>土工膜与刚性建筑物或周边连接处理</td><td colspan="3"></td></tr>
<tr><td>5</td><td>上垫层</td><td colspan="3"></td></tr>
<tr><td>6</td><td>防护层</td><td colspan="3"></td></tr>
<tr><td>施工单位自评意见</td><td colspan="4">各工序施工质量全部合格，其中优良工序占______%，且主要工序达到______等级；各项报验资料______SL 631—2012 的要求。

单元工程质量等级评定为：____________。

（签字，加盖公章）　　　年　月　日</td></tr>
<tr><td>监理单位复核意见</td><td colspan="4">经抽查并查验相关检验报告和检验资料，各工序施工质量全部合格，其中优良工序占______%，且主要工序达到______等级；各项报验资料______SL 631—2012 的要求。

单元工程质量等级评定为：____________。

（签字，加盖公章）　　　年　月　日</td></tr>
</table>

注：本表所填“单元工程量”不作为施工单位工程量结算计量的依据。

________________工程

表 2407.1　下垫层和支持层工序施工质量验收评定表

<table>
<tr><td colspan="3">单位工程名称</td><td></td><td>工序编号</td><td colspan="2"></td></tr>
<tr><td colspan="3">分部工程名称</td><td></td><td>施工单位</td><td colspan="2"></td></tr>
<tr><td colspan="3">单元工程名称、部位</td><td></td><td>施工日期</td><td colspan="2">年　月　日至　　年　月　日</td></tr>
<tr><td colspan="2">项次</td><td>检验项目</td><td>质量要求</td><td>检查记录</td><td>合格数</td><td>合格率</td></tr>
<tr><td rowspan="6">主控项目</td><td rowspan="2">1</td><td rowspan="2">铺料厚度</td><td>铺料厚度均匀，不超厚，表面平整，边线整齐</td><td rowspan="2"></td><td rowspan="2"></td><td rowspan="2"></td></tr>
<tr><td>检测点允许偏差不大于铺料厚度的10%，且不应超厚</td></tr>
<tr><td>2</td><td>铺填位置</td><td>铺填位置准确，摊铺边线整齐，边线偏差±5 cm</td><td></td><td></td><td></td></tr>
<tr><td>3</td><td>结合部</td><td>纵横向符合设计要求，岸坡接合处的填料无分离、架空</td><td></td><td></td><td></td></tr>
<tr><td>4</td><td>碾压参数</td><td>压实机具的型号、规格，碾压遍数、碾压速度、碾压振动频率、振幅和加水量应符合碾压试验确定的参数值</td><td></td><td></td><td></td></tr>
<tr><td>5</td><td>压实质量</td><td>相对密实度不小于设计要求</td><td></td><td></td><td></td></tr>
<tr><td rowspan="4">一般项目</td><td>1</td><td>铺填层面外观</td><td>铺填力求均衡上升，无团块、无粗粒集中</td><td></td><td></td><td></td></tr>
<tr><td>2</td><td>层间结合面</td><td>上下层间的结合面无泥土、杂物等</td><td></td><td></td><td></td></tr>
<tr><td>3</td><td>压层表面质量</td><td>层面平整，无漏压、欠压和出现弹簧土现象</td><td></td><td></td><td></td></tr>
<tr><td>4</td><td>断面尺寸</td><td>压实后的反滤层、过渡层的断面尺寸偏差值不大于设计厚度的10%</td><td></td><td></td><td></td></tr>
<tr><td colspan="2">施工单位自评意见</td><td colspan="5">主控项目检验点全部合格，一般项目逐项检验点的合格率均不小于______%，且不合格检验点不集中分布；各项报验资料______SL 631—2012 的要求。

工序质量等级评定为：____________。

（签字，加盖公章）　　　年　月　日</td></tr>
<tr><td colspan="2">监理单位复核意见</td><td colspan="5">经复核，主控项目检验点全部合格，一般项目逐项检验点的合格率均不小于______%，且不合格检验点不集中分布；各项报验资料______SL 631—2012 的要求。

工序质量等级评定为：____________。

（签字，加盖公章）　　　年　月　日</td></tr>
</table>

________工程

表 2407.2　土工膜备料工序施工质量验收评定表

<table>
<tr><td colspan="2">单位工程名称</td><td colspan="2"></td><td>工序编号</td><td colspan="2"></td></tr>
<tr><td colspan="2">分部工程名称</td><td colspan="2"></td><td>施工单位</td><td colspan="2"></td></tr>
<tr><td colspan="2">单元工程名称、部位</td><td colspan="2"></td><td>施工日期</td><td colspan="2">年　月　日至　　年　月　日</td></tr>
<tr><td colspan="2">项次</td><td>检验项目</td><td>质量要求</td><td>检查记录</td><td>合格数</td><td>合格率</td></tr>
<tr><td>主控项目</td><td>1</td><td>土工膜的性能指标</td><td>土工膜的物理性能指标、力学性能指标、水力学指标，以及耐久性指标应符合设计要求</td><td></td><td></td><td></td></tr>
<tr><td>一般项目</td><td>1</td><td>土工膜的外观质量</td><td>无疵点、破洞等，符合相关标准</td><td></td><td></td><td></td></tr>
<tr><td>施工单位自评意见</td><td colspan="6">主控项目检验点全部合格，一般项目逐项检验点的合格率均不小于______%，且不合格检验点不集中分布；各项报验资料______SL 631—2012 的要求。
工序质量等级评定为：____________。
（签字，加盖公章）　　年　月　日</td></tr>
<tr><td>监理单位复核意见</td><td colspan="6">经复核，主控项目检验点全部合格，一般项目逐项检验点的合格率均不小于______%，且不合格检验点不集中分布；各项报验资料______SL 631—2012 的要求。
工序质量等级评定为：____________。
（签字，加盖公章）　　年　月　日</td></tr>
</table>

______________工程

表 2407.3　土工膜铺设工序施工质量验收评定表

<table>
<tr><td colspan="2">单位工程名称</td><td colspan="2"></td><td>工序编号</td><td colspan="2"></td></tr>
<tr><td colspan="2">分部工程名称</td><td colspan="2"></td><td>施工单位</td><td colspan="2"></td></tr>
<tr><td colspan="2">单元工程名称、部位</td><td colspan="2"></td><td>施工日期</td><td colspan="2">年　月　日至　年　月　日</td></tr>
<tr><td colspan="2">项次</td><td>检验项目</td><td>质量要求</td><td>检查记录</td><td>合格数</td><td>合格率</td></tr>
<tr><td rowspan="3">主控项目</td><td>1</td><td>铺设</td><td>土工膜的铺设工艺应符合设计要求，平顺、松紧适度、无皱褶、留有足够的余幅，与下垫层密贴</td><td></td><td></td><td></td></tr>
<tr><td>2</td><td>拼接</td><td>拼接方法、搭接宽度应符合设计要求，黏结搭接宽度宜不小于 15 cm，焊缝搭接宽度宜不小于 10 cm；膜间形成的节点，应为 T 形，不应做成十字形。接缝处强度不低于母材的 80%</td><td></td><td></td><td></td></tr>
<tr><td>3</td><td>排水、排气</td><td>排水、排气的结构型式符合设计要求，阀体与土工膜连接牢固，不应漏水漏气</td><td></td><td></td><td></td></tr>
<tr><td>一般项目</td><td>1</td><td>铺设场地</td><td>铺设面平整、无杂物、尖锐凸出物。铺设场区气候适宜，场地洁净，无污物污染，施工人员佩戴满足现场操作要求</td><td></td><td></td><td></td></tr>
<tr><td colspan="2">施工单位自评意见</td><td colspan="5">主控项目检验点全部合格，一般项目逐项检验点的合格率均不小于______%，且不合格检验点不集中分布；各项报验资料______SL 631—2012 的要求。

工序质量等级评定为：____________。

（签字，加盖公章）　　年　月　日</td></tr>
<tr><td colspan="2">监理单位复核意见</td><td colspan="5">经复核，主控项目检验点全部合格，一般项目逐项检验点的合格率均不小于______%，且不合格检验点不集中分布；各项报验资料______SL 631—2012 的要求。

工序质量等级评定为：____________。

（签字，加盖公章）　　年　月　日</td></tr>
</table>

________工程

表 2407.4　土工膜与刚性建筑物或周边连接处理施工质量验收评定表

<table>
<tr><td colspan="2">单位工程名称</td><td colspan="2"></td><td>工序编号</td><td colspan="2"></td></tr>
<tr><td colspan="2">分部工程名称</td><td colspan="2"></td><td>施工单位</td><td colspan="2"></td></tr>
<tr><td colspan="2">单元工程名称、部位</td><td colspan="2"></td><td>施工日期</td><td colspan="2">年　月　日至　　年　月　日</td></tr>
<tr><td colspan="2">项次</td><td>检验项目</td><td>质量要求</td><td>检查记录</td><td>合格数</td><td>合格率</td></tr>
<tr><td rowspan="2">主控项目</td><td>1</td><td>周边封闭沟槽结构、基础条件</td><td>封闭沟槽的结构型式、基础条件应符合设计要求</td><td></td><td></td><td></td></tr>
<tr><td>2</td><td>封闭材料质量</td><td>封闭材料质量应满足设计要求，试样合格率不小于95%，不合格试样不应集中，且不低于设计指标的0.98倍</td><td></td><td></td><td></td></tr>
<tr><td>一般项目</td><td>1</td><td>沟槽开挖、结构尺寸</td><td>周边封闭沟槽土石方开挖尺寸，封闭材料如黏土、混凝土结构尺寸应满足设计要求；检测点允许偏差±2 cm</td><td></td><td></td><td></td></tr>
<tr><td colspan="2">施工单位自评意见</td><td colspan="5">主控项目检验点全部合格，一般项目逐项检验点的合格率均不小于________%，且不合格检验点不集中分布；各项报验资料________SL 631—2012 的要求。

工序质量等级评定为：________________。

（签字，加盖公章）　　　　年　月　日</td></tr>
<tr><td colspan="2">监理单位复核意见</td><td colspan="5">经复核，主控项目检验点全部合格，一般项目逐项检验点的合格率均不小于________%，且不合格检验点不集中分布；各项报验资料________SL 631—2012 的要求。

工序质量等级评定为：________________。

（签字，加盖公章）　　　　年　月　日</td></tr>
</table>

______工程

表 2407.5　上垫层工序施工质量验收评定表

单位工程名称			工序编号		
分部工程名称			施工单位		
单元工程名称、部位			施工日期	年　月　日至　　年　月　日	

项次		检验项目	质量要求	检查记录	合格数	合格率
主控项目	1	铺料厚度	铺料厚度均匀，不超厚，表面平整，边线整齐；检测点允许偏差不大于铺料厚度的10%，且不应超厚			
	2	铺墙位置	铺填位置准确，摊铺边线整齐，边线允许偏差±5 cm			
	3	结合部	纵横向符合设计要求，岸坡结合处的填料无分离、架空			
	4	碾压参数	压实机具的型号、规格，碾压遍数、碾压速度、碾压振动频率、振幅和加水量应符合碾压试验确定的参数值			
	5	压实质量	相对密度不小于设计要求			

______工程

续表 2047.5

<table>
<tr><td colspan="2">项次</td><td>检验项目</td><td>质量要求</td><td>检查记录</td><td>合格数</td><td>合格率</td></tr>
<tr><td rowspan="4">一般项目</td><td>1</td><td>铺填层面外观</td><td>铺填力求均衡上升，无团块、无粗粒集中</td><td></td><td></td><td></td></tr>
<tr><td>2</td><td>层间结合面</td><td>上下层间的结合面无泥土、杂物等</td><td></td><td></td><td></td></tr>
<tr><td>3</td><td>压层表面质量</td><td>表面平整，无漏压、欠压和出现弹簧土现象</td><td></td><td></td><td></td></tr>
<tr><td>4</td><td>断面尺寸</td><td>压实后的反滤层、过渡层的断面尺寸偏差值不大于设计厚度的10%</td><td></td><td></td><td></td></tr>
<tr><td colspan="2">施工单位自评意见</td><td colspan="5">主控项目检验点全部合格，一般项目逐项检验点的合格率均不小于______%，且不合格检验点不集中分布；各项报验资料______SL 631—2012 的要求。
工序质量等级评定为：______。
（签字，加盖公章）　　年　月　日</td></tr>
<tr><td colspan="2">监理单位复核意见</td><td colspan="5">经复核，主控项目检验点全部合格，一般项目逐项检验点的合格率均不小于______%，且不合格检验点不集中分布；各项报验资料______SL 631—2012 的要求。
工序质量等级评定为：______。
（签字，加盖公章）　　年　月　日</td></tr>
</table>

________工程

表 2408　格宾网单元工程施工质量验收评定表

<table>
<tr><td colspan="2">单位工程名称</td><td></td><td>单元工程量</td><td colspan="3"></td></tr>
<tr><td colspan="2">分部工程名称</td><td></td><td>施工单位</td><td colspan="3"></td></tr>
<tr><td colspan="2">单元工程名称、部位</td><td></td><td>施工日期</td><td colspan="3">年　月　日至　　年　月　日</td></tr>
<tr><td colspan="2">项次</td><td>检验项目</td><td>质量要求</td><td>检查记录</td><td>合格数</td><td>合格率</td></tr>
<tr><td rowspan="4">主控项目</td><td>1</td><td>护垫产品质量</td><td>符合设计要求</td><td></td><td></td><td></td></tr>
<tr><td>2</td><td>充填石料质量</td><td>符合设计要求</td><td></td><td></td><td></td></tr>
<tr><td>3</td><td>石料充填</td><td>符合设计要求</td><td></td><td></td><td></td></tr>
<tr><td>4</td><td>护垫盖与端、边、隔板机相邻护垫段、咪让的铰合</td><td>符合设计要求</td><td></td><td></td><td></td></tr>
<tr><td rowspan="4">一般项目</td><td>1</td><td>基面</td><td>符合设计要求</td><td></td><td></td><td></td></tr>
<tr><td>2</td><td>护垫排列</td><td>符合设计要求</td><td></td><td></td><td></td></tr>
<tr><td>3</td><td>厚度</td><td>符合设计要求</td><td></td><td></td><td></td></tr>
<tr><td>4</td><td>表面平整度</td><td>5 cm</td><td></td><td></td><td></td></tr>
<tr><td colspan="2">施工单位自评意见</td><td colspan="5">各工序施工质量全部合格，其中优良工序占______%，主要工序达到______等级。
单元工程质量等级评定为：__________。
（签字，加盖公章）　　　　年　月　日</td></tr>
<tr><td colspan="2">监理机构复核评定意见</td><td colspan="5">经抽检并查验相关检验报告和检验资料，各工序施工质量全部合格，其中优良工序占______%，主要工序达到______等级。
单元工程质量等级评定为：__________。
（签字，加盖公章）　　　　年　月　日</td></tr>
</table>

注：本表所填"单元工程量"不作为施工单位工程量结算计量的依据。

______________工程

表 2408.1　格宾网原材料及产品施工质量评定表

单位工程名称		单元工程量	
分部工程名称		施工单位	
单元工程名称		施工日期	年　月　日至　　年　月　日

序号	检验项目	质量标准	检验结果	评定
1	钢丝直径	公称直径>1.60~3.00 允许偏差±0.06； 公称直径>3.00~6.00 允许偏差±0.07		
2	钢丝抗拉强度	350 MPa~550 MPa		
3	钢丝伸长率	镀层钢丝≥12%,覆塑钢丝≥9%		
4	格宾网抗拉强度	满足设计要求或达到产品质量证明书中标明的抗拉强度值		
5	格宾网网孔尺寸	*D* 允许误差:±5%		
		x 允许误差:±10%		
		网孔允许误差:-4~12 mm		
6	网片	满足产品标准和设计要求		
7	外观质量	格网表面平直、无破损,外观质量符合要求,覆塑层表面光滑,无老化、开裂		
8	填料表观密度	≥2 400 kg/m^{3}或满足设计要求		
9	风化程度	耐风化的硬岩或满足设计强度要求		
施工单位自评意见	(签字,加盖公章)　　　年　月　日			
监理机构复核评定意见	(签字,加盖公章)　　　年　月　日			

______________工程

表 2408.2 格宾网组装工序施工质量评定表

<table>
<tr><td colspan="3">单位工程名称</td><td colspan="2"></td><td>工序名称</td><td colspan="2"></td></tr>
<tr><td colspan="3">分部工程名称</td><td colspan="2"></td><td>施工单位</td><td colspan="2"></td></tr>
<tr><td colspan="3">单元工程名称</td><td colspan="2"></td><td>施工日期</td><td colspan="2">年 月 日至 年 月 日</td></tr>
<tr><td colspan="2">项次</td><td colspan="2">检验项目</td><td>质量标准</td><td>检查(测)记录或备查资料名称</td><td>合格数</td><td>合格率</td></tr>
<tr><td rowspan="3">主控项目</td><td rowspan="3">1</td><td rowspan="3">绑扎</td><td>相邻网片面</td><td>每平方米绑扎两道,双股并铰紧,或采用两个扣件扣紧</td><td></td><td></td><td></td></tr>
<tr><td>四角</td><td>各绑扎一道,双股并铰紧,或采用扣件扣紧</td><td></td><td></td><td></td></tr>
<tr><td>相交框线</td><td>每 200 mm~250 mm 绑扎一道,双股并铰紧;或每 150 mm~200 mm 采用扣件扣紧</td><td></td><td></td><td></td></tr>
<tr><td rowspan="3">一般项目</td><td>1</td><td colspan="2">格宾笼长度</td><td>允许偏差±5%</td><td></td><td></td><td></td></tr>
<tr><td>2</td><td colspan="2">格宾笼宽度</td><td>允许偏差±5%</td><td></td><td></td><td></td></tr>
<tr><td>3</td><td colspan="2">格宾笼高度</td><td>允许偏差±5%</td><td></td><td></td><td></td></tr>
<tr><td colspan="2">施工单位自评意见</td><td colspan="6">主控项目检验点全部合格,一般项目逐项检点的合格率为______%,且不合格检验点不集中分布。
工序质量等级评定为:____________。
(签字,加盖公章) 年 月 日</td></tr>
<tr><td colspan="2">监理机构复核评定意见</td><td colspan="6">经复核,主控项目检验点全部合格,一般项目逐项检点的合格率为______%,且不合格检验点不集中分布。
工序质量等级评定为:____________。
(签字,加盖公章) 年 月 日</td></tr>
</table>

________________工程

表 2408.3　格宾网填料、封盖及铺设工序施工质量验收评定表

<table>
<tr><td colspan="2">单位工程名称</td><td colspan="2"></td><td>工序名称</td><td colspan="3"></td></tr>
<tr><td colspan="2">分部工程名称</td><td colspan="2"></td><td>施工单位</td><td colspan="3"></td></tr>
<tr><td colspan="2">单元工程名称</td><td colspan="2"></td><td>施工日期</td><td colspan="3">年　月　日至　　年　月　日</td></tr>
<tr><td colspan="2">项次</td><td>检验项目</td><td>质量标准</td><td colspan="2">检查(测)记录或
备查资料名称</td><td>合格数</td><td>合格率</td></tr>
<tr><td rowspan="3">主控项目</td><td>1</td><td>封盖及相邻网笼之间绑扎</td><td>每 200 mm～250 mm 绑扎一道，双股并铰紧；或每 150 mm～200 mm 采用扣件扣紧</td><td colspan="2"></td><td></td><td></td></tr>
<tr><td>2</td><td>装料</td><td>每层小于 300 mm，填料宜内小外大，紧靠密实。表面填料应平砌，人工整平</td><td colspan="2"></td><td></td><td></td></tr>
<tr><td>3</td><td>铺设</td><td>铺搭接重叠长度应大于 100 mm，并在 1 300 mm×1 300 mm 范围内锚固</td><td colspan="2"></td><td></td><td></td></tr>
<tr><td rowspan="3">一般项目</td><td>1</td><td>表面平整度</td><td>±50 mm</td><td colspan="2"></td><td></td><td></td></tr>
<tr><td>2</td><td>护坡顶部顺直度</td><td>±50 mm/5 m</td><td colspan="2"></td><td></td><td></td></tr>
<tr><td>3</td><td>坡度(m)</td><td>不陡于设计值</td><td colspan="2"></td><td></td><td></td></tr>
<tr><td>施工单位自评意见</td><td colspan="7">主控项目检验点全部合格，一般项目逐项检点的合格率为_______%，且不合格检验点不集中分布。

工序质量等级评定为：______________。

（签字，加盖公章）　　　　年　月　日</td></tr>
<tr><td>监理机构复核评定意见</td><td colspan="7">经复核，主控项目检验点全部合格，一般项目逐项检点的合格率为_______%，且不合格检验点不集中分布。

工序质量等级评定为：______________。

（签字，加盖公章）　　　　年　月　日</td></tr>
</table>

第3部分
混凝土工程验收评定表

第 1 章　普通混凝土工程

表 3101　普通混凝土单元工程施工质量验收评定表

______工程

表 3101　普通混凝土单元工程施工质量验收评定表

<table>
<tr><td colspan="2">单位工程名称</td><td></td><td>单元工程量</td><td></td></tr>
<tr><td colspan="2">分部工程名称</td><td></td><td>施工单位</td><td></td></tr>
<tr><td colspan="2">单元工程名称、部位</td><td></td><td>施工日期</td><td>年　月　日至　　年　月　日</td></tr>
<tr><td>项次</td><td colspan="2">工序名称(或编号)</td><td colspan="2">工序质量验收评定等级</td></tr>
<tr><td rowspan="2">1</td><td colspan="2">基础面</td><td colspan="2"></td></tr>
<tr><td colspan="2">施工缝处理</td><td colspan="2"></td></tr>
<tr><td>2</td><td colspan="2">模板制作及安装</td><td colspan="2"></td></tr>
<tr><td>3</td><td colspan="2">△钢筋制作及安装</td><td colspan="2"></td></tr>
<tr><td>4</td><td colspan="2">预埋件(止水、伸缩缝等)制作及安装</td><td colspan="2"></td></tr>
<tr><td>5</td><td colspan="2">△混凝土浇筑(含养护、脱模)</td><td colspan="2"></td></tr>
<tr><td>6</td><td colspan="2">外观质量检查</td><td colspan="2"></td></tr>
<tr><td>施工单位自评意见</td><td colspan="4">各工序施工质量全部合格,其中优良工序占______%,且主要工序达到______等级,单元工程试块质量检验合格,各项报验资料______SL 632—2012 的要求。
单元工程质量等级评定为:__________。
(签字,加盖公章)　　年　月　日</td></tr>
<tr><td>监理单位复核意见</td><td colspan="4">经抽查并查验相关检验报告和检验资料,各工序施工质量全部合格,其中优良工序占______%,且主要工序达到______等级,单元工程试块质量检验合格,各项报验资料______SL 632—2012 的要求。
单元工程质量等级评定为:__________。
(签字,加盖公章)　　年　月　日</td></tr>
</table>

注:本表所填“单元工程量”不作为施工单位工程量结算计量的依据。

______________工程

表 3101.1-1　普通混凝土基础面施工处理工序施工质量验收评定表

<table>
<tr><td colspan="2">单位工程名称</td><td colspan="2"></td><td>工序编号</td><td colspan="2"></td></tr>
<tr><td colspan="2">分部工程名称</td><td colspan="2"></td><td>施工单位</td><td colspan="2"></td></tr>
<tr><td colspan="2">单元工程名称、部位</td><td colspan="2"></td><td>施工日期</td><td colspan="2">年　月　日至　年　月　日</td></tr>
<tr><td colspan="2">项次</td><td>检验项目</td><td>质量要求</td><td>检查记录</td><td>合格数</td><td>合格率</td></tr>
<tr><td rowspan="3">主控项目</td><td rowspan="2">1</td><td>岩石基</td><td>符合设计要求</td><td></td><td></td><td></td></tr>
<tr><td>软基</td><td>预留保护层已挖除；基础面符合设计要求</td><td></td><td></td><td></td></tr>
<tr><td>2</td><td>地表水和地下水</td><td>妥善引排或封堵</td><td></td><td></td><td></td></tr>
<tr><td>一般项目</td><td>1</td><td>岩面清理</td><td>符合设计要求；清洗洁净，无积水、无积渣杂物</td><td></td><td></td><td></td></tr>
<tr><td colspan="2">施工单位自评意见</td><td colspan="5">主控项目检验点全部合格，一般项目逐项检验点的合格率均不小于______%，且不合格检验点不集中分布；各项报验资料______SL 632—2012 的要求。
工序质量等级评定为：__________。
（签字，加盖公章）　　年　月　日</td></tr>
<tr><td colspan="2">监理单位复核意见</td><td colspan="5">经复核，主控项目检验点全部合格，一般项目逐项检验点的合格率均不小于______%，且不合格检验点不集中分布；各项报验资料______SL 632—2012 的要求。
工序质量等级评定为：__________。
（签字，加盖公章）　　年　月　日</td></tr>
</table>

________________工程

表 3101.1-2　普通混凝土施工缝处理工序施工质量验收评定表

<table>
<tr><td colspan="3">单位工程名称</td><td></td><td>工序编号</td><td colspan="2"></td></tr>
<tr><td colspan="3">分部工程名称</td><td></td><td>施工单位</td><td colspan="2"></td></tr>
<tr><td colspan="3">单元工程名称、部位</td><td></td><td>施工日期</td><td colspan="2">年　月　日至　　年　月　日</td></tr>
<tr><td colspan="2">项次</td><td>检验项目</td><td>质量要求</td><td>检查记录</td><td>合格数</td><td>合格率</td></tr>
<tr><td rowspan="2">主控项目</td><td>1</td><td>施工缝的留置位置</td><td>符合设计或有关施工规范规定</td><td></td><td></td><td></td></tr>
<tr><td>2</td><td>施工缝面凿毛</td><td>基面无乳皮，成毛面，微露粗砂</td><td></td><td></td><td></td></tr>
<tr><td>一般项目</td><td>1</td><td>缝面清理</td><td>符合设计要求；清洗洁净、无积水、无积渣杂物</td><td></td><td></td><td></td></tr>
<tr><td colspan="2">施工单位自评意见</td><td colspan="5">主控项目检验点全部合格，一般项目逐项检验点的合格率均不小于______%，且不合格检验点不集中分布；各项报验资料______SL 632—2012 的要求。
工序质量等级评定为：__________。
（签字，加盖公章）　　年　月　日</td></tr>
<tr><td colspan="2">监理单位复核意见</td><td colspan="5">经复核，主控项目检验点全部合格，一般项目逐项检验点的合格率均不小于______%，且不合格检验点不集中分布；各项报验资料______SL 632—2012 的要求。
工序质量等级评定为：__________。
（签字，加盖公章）　　年　月　日</td></tr>
</table>

______________工程

表 3101.2 普通混凝土模板制作及安装工序施工质量验收评定表

<table>
<tr><td colspan="3">单位工程名称</td><td colspan="2"></td><td>工序编号</td><td colspan="2"></td></tr>
<tr><td colspan="3">分部工程名称</td><td colspan="2"></td><td>施工单位</td><td colspan="2"></td></tr>
<tr><td colspan="3">单元工程名称、部位</td><td colspan="2"></td><td>施工日期</td><td colspan="2">年 月 日至 年 月 日</td></tr>
<tr><td colspan="2">项次</td><td colspan="2">检验项目</td><td>质量要求</td><td>检查记录</td><td>合格数</td><td>合格率</td></tr>
<tr><td rowspan="10">主控项目</td><td>1</td><td colspan="2">稳定性、刚度和强度</td><td>满足混凝土施工荷载要求，并符合模板设计要求</td><td></td><td></td><td></td></tr>
<tr><td>2</td><td colspan="2">承重模板底面高程</td><td>允许偏差 0~+5 mm</td><td></td><td></td><td></td></tr>
<tr><td rowspan="3">3</td><td rowspan="3">排架、梁、板、柱、墙、墩</td><td>结构断面尺寸</td><td>允许偏差±10 mm</td><td></td><td></td><td></td></tr>
<tr><td>轴线位置</td><td>允许偏差±10 mm</td><td></td><td></td><td></td></tr>
<tr><td>垂直度</td><td>允许偏差±5 mm</td><td></td><td></td><td></td></tr>
<tr><td rowspan="2">4</td><td rowspan="2">结构物边线与设计边线</td><td>外露表面</td><td>内模板：允许偏差-10 mm~0；
外模板：允许偏差 0~+10 mm</td><td></td><td></td><td></td></tr>
<tr><td>隐蔽内面</td><td>允许偏差 15 mm</td><td></td><td></td><td></td></tr>
<tr><td rowspan="2">5</td><td rowspan="2">预留孔、洞尺寸及位置</td><td>孔、洞尺寸</td><td>允许偏差 0~+10 mm</td><td></td><td></td><td></td></tr>
<tr><td>孔洞位置</td><td>允许偏差±10 mm</td><td></td><td></td><td></td></tr>
<tr style="display:none"></tr>
<tr><td rowspan="9">一般项目</td><td rowspan="2">1</td><td rowspan="2">相邻两板面错台</td><td>外露表面</td><td>钢模：允许偏差 2 mm
木模：允许偏差 3 mm</td><td></td><td></td><td></td></tr>
<tr><td>隐蔽内面</td><td>允许偏差 5 mm</td><td></td><td></td><td></td></tr>
<tr><td rowspan="2">2</td><td rowspan="2">局部平整度</td><td>外露表面</td><td>钢模：允许偏差 3 mm
木模：允许偏差 5 mm</td><td></td><td></td><td></td></tr>
<tr><td>隐蔽内面</td><td>允许偏差 10 mm</td><td></td><td></td><td></td></tr>
<tr><td rowspan="2">3</td><td rowspan="2">板面缝隙</td><td>外露表面</td><td>钢模：允许偏差 1 mm
木模：允许偏差 2 mm</td><td></td><td></td><td></td></tr>
<tr><td>隐蔽内面</td><td>允许偏差 2 mm</td><td></td><td></td><td></td></tr>
<tr><td>4</td><td colspan="2">结构物水平断面内部尺寸</td><td>允许偏差±20 mm</td><td></td><td></td><td></td></tr>
<tr><td>5</td><td colspan="2">脱模剂涂刷</td><td>产品质量符合标准要求，涂刷均匀，无明显色差</td><td></td><td></td><td></td></tr>
<tr><td>6</td><td colspan="2">模板外观</td><td>表面光洁、无污物</td><td></td><td></td><td></td></tr>
<tr><td>施工单位自评意见</td><td colspan="7">主控项目检验点全部合格，一般项目逐项检验点的合格率均不小于________%，且不合格检验点不集中分布；各项报验资料________SL 632—2012 的要求。

工序质量等级评定为：______________。
（签字，加盖公章） 年 月 日</td></tr>
<tr><td>监理单位复核意见</td><td colspan="7">经复核，主控项目检验点全部合格，一般项目逐项检验点的合格率均不小于________%，且不合格检验点不集中分布；各项报验资料________SL 632—2012 的要求。

工序质量等级评定为：______________。
（签字，加盖公章） 年 月 日</td></tr>
</table>

________________工程

表 3101.3　普通混凝土钢筋制作及安装质量验收评定表

单位工程名称		工序编号	
分部工程名称		施工单位	
单元工程名称、部位		施工日期	年　月　日至　年　月　日

项次		检验项目				质量要求	检查记录	合格数	合格率
主控项目	1	钢筋的数量、规格尺寸、安装位置				符合质量标准和设计的要求			
	2	钢筋接头的力学性能				符合规范要求和国家及行业有关规定			
	3	焊接接头和焊缝外观				不允许有裂缝、脱焊点、漏焊点，表面平顺，没有明显的咬边、凹陷、气孔等，钢筋不应有明显烧伤			
	4	钢筋连接	电弧焊	帮条对焊接头中心		纵向偏移差不大于 0.5d			
				接头处钢筋轴线的曲折		≤4°			
				焊缝	长度	允许偏差-0.5d			
					宽度	允许偏差-0.1d			
					高度	允许偏差-0.05d			
					表面气孔夹渣	在 2d 长度上数量不多于 2 个；气孔、夹渣的直径不大于 3 mm			
			对焊及熔槽焊	焊接接头根部未焊透深度	ϕ25~40 mm 钢筋	≤0.15d			
					ϕ40~70 mm 钢筋	≤0.10d			
				接头处钢筋中心线的位移		0.10d 且不大于 2 mm			
				蜂窝、气孔、非金属杂质		焊缝表面(长为 2d)和焊缝截面上不多于 3 个，且每个直径不大于 1.5 mm			
			绑扎连接	缺扣、松扣		≤20%，且不集中			
				弯钩朝向正确		符合设计图纸			
				搭接长度		允许偏差-0.05 mm 设计值			

________________工程

续表 3101.3

<table>
<tr><th colspan="2">项次</th><th colspan="4">检验项目</th><th>质量要求</th><th>检查记录</th><th>合格数</th><th>合格率</th></tr>
<tr><td rowspan="10">主控项目</td><td rowspan="8">4</td><td rowspan="8">钢筋连接</td><td rowspan="8">机械连接</td><td rowspan="4">带肋钢筋冷挤压连接接头</td><td>压痕处套筒外形尺寸</td><td>挤压后套筒长度应为原套筒长度的1.10~1.15倍,或压痕处套筒的外径波动范围为原套筒外径的0.8~0.9倍</td><td></td><td></td><td></td></tr>
<tr><td>挤压道次</td><td>符合型式检验结果</td><td></td><td></td><td></td></tr>
<tr><td>接头弯折</td><td>≤4°</td><td></td><td></td><td></td></tr>
<tr><td>裂缝检查</td><td>挤压后肉眼观察无裂缝</td><td></td><td></td><td></td></tr>
<tr><td rowspan="4">直(锥)螺纹连接接头</td><td>丝头外观质量</td><td>保护良好,无锈蚀和油污,牙形饱满光滑</td><td></td><td></td><td></td></tr>
<tr><td>套头外观质量</td><td>无裂纹或其他肉眼可见缺陷</td><td></td><td></td><td></td></tr>
<tr><td>外露丝扣</td><td>无1扣以上完整丝扣外露</td><td></td><td></td><td></td></tr>
<tr><td>螺纹匹配</td><td>丝头螺纹与套筒螺纹满足连接要求,螺纹结合紧密,无明显松动,以及相应处理方法得当</td><td></td><td></td><td></td></tr>
<tr><td>5</td><td colspan="4">钢筋间距</td><td>无明显过大过小的现象</td><td></td><td></td><td></td></tr>
<tr><td>6</td><td colspan="4">保护层厚度</td><td>允许偏差±1/4净保护层厚</td><td></td><td></td><td></td></tr>
<tr><td rowspan="6">一般项目</td><td>1</td><td colspan="4">钢筋长度方向</td><td>允许偏差±1/2净保护层厚</td><td></td><td></td><td></td></tr>
<tr><td rowspan="2">2</td><td colspan="2" rowspan="2">同一排受力钢筋间距</td><td colspan="2">排架、柱、梁</td><td>允许偏差±0.5d</td><td></td><td></td><td></td></tr>
<tr><td colspan="2">板、墙</td><td>允许偏差±0.1倍间距</td><td></td><td></td><td></td></tr>
<tr><td>3</td><td colspan="4">双排钢筋,其排与排间距</td><td>允许偏差±0.1倍排距</td><td></td><td></td><td></td></tr>
<tr><td>4</td><td colspan="4">梁与柱中箍筋间距</td><td>允许偏差±0.1倍箍筋间距</td><td></td><td></td><td></td></tr>
<tr><td colspan="2">施工单位自评意见</td><td colspan="8">主控项目检验点全部合格,一般项目逐项检验点的合格率均不小于________%,且不合格检验点不集中分布;各项报验资料________SL 632—2012的要求。

工序质量等级评定为:________________。

(签字,加盖公章)　　年　月　日</td></tr>
<tr><td colspan="2">监理单位复核意见</td><td colspan="8">经复核,主控项目检验点全部合格,一般项目逐项检验点的合格率均不小于________%,且不合格检验点不集中分布;各项报验资料________SL 632—2012的要求。

工序质量等级评定为:________________。

(签字,加盖公章)　　年　月　日</td></tr>
</table>

__________________工程

表 3101.4　普通混凝土预埋件制作及安装施工质量验收评定表

单位工程名称		工序编号	
分部工程名称		施工单位	
单元工程名称、部位		施工日期	年　月　日至　　年　月　日

项次			检验项目		质量要求	检查记录	合格数	合格率
止水片、止水带	主控项目	1	片(带)外观		表面平整,无浮皮、锈污、油渍、砂眼、钉孔、裂纹等			
		2	基座		符合设计要求(按基础面要求验收合格)			
		3	片(带)插入深度		符合设计要求			
		4	沥青井(柱)		位置准确、牢固,上下层衔接好,电热元件及绝热材料埋设准确,沥青填塞密实			
		5	接头		符合工艺要求			
	一般项目	1	片(带)偏差	宽	允许偏差±5 mm			
				高	允许偏差±2 mm			
				长	允许偏差±20 mm			
		2	搭接长度	金属止水片	≥20 mm,双面焊接			
				橡胶、PVC 止水带	≥100 mm			
				金属止水片与 PVC 止水带接头栓接长度	≥350 mm(螺栓栓接法)			
		3	片(带)中心线与接缝中心线安装偏差		允许偏差±5 mm			
伸缩缝(填充材料)	主控项目	1	伸缩缝缝面		平整、顺直、干燥,外露铁件应割除,确保伸缩有效			
	一般项目	1	涂敷沥青料		涂刷均匀平整、与混凝土黏结紧密,无气泡及隆起现象			
		2	粘贴沥青油毛毡		铺设厚度均匀平整、牢固、搭接紧密			
		3	铺设预制油毡板或其他闭缝板		铺设厚度均匀平整、牢固、相邻块安装紧密平整无缝			

______________工程

续表 3101.4

项次			检验项目	质量要求	检查记录	合格数	合格率
排水系统	主控项目	1	孔口装置	按设计要求加工、安装,并进行防锈处理,安装牢固,不应有渗水、漏水现象			
		2	排水管通畅性	通畅			
	一般项目	1	排水孔倾斜度	允许偏差 4%			
		2	排水孔(管)位置	允许偏差 100 mm			
		3	基岩排水孔 倾斜度 孔深不小于 8 m	允许偏差 1%			
			基岩排水孔 倾斜度 孔深小于 8 m	允许偏差 2%			
			基岩排水孔 深度	允许偏差±0.5%			
冷却及灌浆管路	主控项目	1	管路安装	安装牢固、可靠,接头不漏水、不漏气、无堵塞			
	一般项目	1	管路出口	露出模板外 300~500 mm,妥善保护,有识别标志			
铁件	主控项目	1	高程、方位、埋入深度及外露长度等	符合设计要求			
	一般项目	1	铁件外观	表面无锈皮、油污等			
		2	锚筋钻孔位置 梁、柱的锚筋	允许偏差 20 mm			
			锚筋钻孔位置 钢筋网的锚筋	允许偏差 50 mm			
		3	钻孔底部的孔径	锚筋直径 d+20 mm			
		4	钻孔深度	符合设计要求			
		5	钻孔的倾斜度相对设计轴线	允许偏差 5%(在全孔深度范围内)			

施工单位自评意见

主控项目检验点全部合格,一般项目逐项检验点的合格率均不小于________%,且不合格检验点不集中分布;各项报验资料________SL 632—2012 的要求。

工序质量等级评定为:________________。

(签字,加盖公章)　　　年　月　日

监理单位复核意见

经复核,主控项目检验点全部合格,一般项目逐项检验点的合格率均不小于________%,且不合格检验点不集中分布;各项报验资料________SL 632—2012 的要求。

工序质量等级评定为:________________。

(签字,加盖公章)　　　年　月　日

______________工程

表 3101.5　普通混凝土浇筑工序施工质量验收评定表

单位工程名称		工序编号	
分部工程名称		施工单位	
单元工程名称、部位		施工日期	年　月　日至　年　月　日

项次		检验项目	质量要求	检查记录	合格数	合格率
主控项目	1	入仓混凝土料	无不合格料入仓。如有少量不合格料入仓，应及时处理至达到要求			
	2	平仓分层	厚度不大于振捣棒有效长度的 90%，铺设均匀，分层清楚，无骨料集中现象			
	3	混凝土振捣	振捣器垂直插入下层 5 cm，有次序，间距、留振时间合理，无漏振、无超振			
	4	铺筑间歇时间	符合要求，无初凝现象			
	5	浇筑温度（指有温控要求的混凝土）	满足设计要求			
	6	混凝土养护	表面保持湿润；连续养护时间基本满足设计要求			
一般项目	1	砂浆铺筑	厚度宜为 2~3 cm，均匀平整，无漏铺			
	2	积水和泌水	无外部水流入，泌水排除及时			
	3	插筋、管路等埋设件以及模板的保护	保护好，符合设计要求			
	4	混凝土表面保护	保护时间、保温材料质量符合设计要求			
	5	脱模	脱模时间符合施工技术规范或设计要求			
施工单位自评意见	主控项目检验点全部合格，一般项目逐项检验点的合格率均不小于________%，且不合格检验点不集中分布；各项报验资料________SL 632—2012 的要求。 工序质量等级评定为：______________。 （签字，加盖公章）　　年　月　日					
监理单位复核意见	经复核，主控项目检验点全部合格，一般项目逐项检验点的合格率均不小于________%，且不合格检验点不集中分布；各项报验资料________SL 632—2012 的要求。 工序质量等级评定为：______________。 （签字，加盖公章）　　年　月　日					

________工程

表 3101.6 普通混凝土外观质量检查工序施工质量验收评定表

<table>
<tr><td colspan="3">单位工程名称</td><td colspan="2"></td><td>工序编号</td><td colspan="2"></td></tr>
<tr><td colspan="3">分部工程名称</td><td colspan="2"></td><td>施工单位</td><td colspan="2"></td></tr>
<tr><td colspan="3">单元工程名称、部位</td><td colspan="2"></td><td>施工日期</td><td colspan="2">年 月 日至 年 月 日</td></tr>
<tr><td colspan="2">项次</td><td>检验项目</td><td>质量要求</td><td colspan="2">检查记录</td><td>合格数</td><td>合格率</td></tr>
<tr><td rowspan="3">主控项目</td><td>1</td><td>有平整度要求的部位</td><td>符合设计及规范要求</td><td colspan="2"></td><td></td><td></td></tr>
<tr><td>2</td><td>形体尺寸</td><td>符合设计要求或允许偏差±20 mm</td><td colspan="2"></td><td></td><td></td></tr>
<tr><td>3</td><td>重要部位缺损</td><td>不允许出现缺损</td><td colspan="2"></td><td></td><td></td></tr>
<tr><td rowspan="5">一般项目</td><td>1</td><td>表面平整度</td><td>每 2 m 偏差不大于 8 mm</td><td colspan="2"></td><td></td><td></td></tr>
<tr><td>2</td><td>麻面/蜂窝</td><td>麻面、蜂窝累计面积不超过 0.5%。经处理符合设计要求</td><td colspan="2"></td><td></td><td></td></tr>
<tr><td>3</td><td>孔洞</td><td>单个面积不超过 0.01 m^2，且深度不超过骨料最大粒径。经处理符合设计要求</td><td colspan="2"></td><td></td><td></td></tr>
<tr><td>4</td><td>错台、跑模、掉角</td><td>经处理符合设计要求</td><td colspan="2"></td><td></td><td></td></tr>
<tr><td>5</td><td>表面裂缝</td><td>短小、深度不大于钢筋保护层厚度的表面裂缝经处理符合设计要求</td><td colspan="2"></td><td></td><td></td></tr>
<tr><td colspan="2">施工单位自评意见</td><td colspan="6">主控项目检验点全部合格，一般项目逐项检验点的合格率均不小于________%，且不合格检验点不集中分布；各项报验资料________SL 632—2012 的要求。

工序质量等级评定为：________________。

（签字，加盖公章） 年 月 日</td></tr>
<tr><td colspan="2">监理单位复核意见</td><td colspan="6">经复核，主控项目检验点全部合格，一般项目逐项检验点的合格率均不小于________%，且不合格检验点不集中分布；各项报验资料________SL 632—2012 的要求。

工序质量等级评定为：________________。

（签字，加盖公章） 年 月 日</td></tr>
</table>

第 2 章　预应力混凝土单元工程

表 3201　预应力混凝土单元工程施工质量验收评定表

________________工程

表 3201　预应力混凝土单元工程施工质量验收评定表

单位工程名称		单元工程量	
分部工程名称		施工单位	
单元工程名称、部位		施工日期	年　月　日至　　年　月　日

项次	工序名称(或编号)	工序质量验收评定等级
1	基础面或施工缝处理	
2	模板制作及安装	
3	钢筋制作及安装	
4	预埋件(止水、伸缩缝等设置)制作及安装	
5	△混凝土浇筑(养护、脱模)	
6	预应力筋孔道	
7	预应力筋制作及安装	
8	△预应力筋张拉	
9	有黏结预应力筋灌浆	
10	预应力混凝土外观质量检查	
施工单位自评意见	各工序施工质量全部合格,其中优良工序占_______%,且主要工序达到_______等级,单元工程试块质量检验合格,各项报验资料_______SL 632—2012 的要求。 单元工程质量等级评定为:______________。 (签字,加盖公章)　　　年　月　日	
监理单位复核意见	经抽查并查验相关检验报告和检验资料,各工序施工质量全部合格,其中优良工序占_______%,且主要工序达到_______等级,单元工程试块质量检验合格,各项报验资料_______SL 632—2012 的要求。 单元工程质量等级评定为:______________。 (签字,加盖公章)　　　年　月　日	

注:本表所填"单元工程量"不作为施工单位工程量结算计量的依据。

________________工程

表 3201.1　预应力混凝土基础面或施工缝工序施工质量验收评定表

<table>
<tr><td colspan="2">单位工程名称</td><td colspan="2"></td><td>工序编号</td><td colspan="2"></td></tr>
<tr><td colspan="2">分部工程名称</td><td colspan="2"></td><td>施工单位</td><td colspan="2"></td></tr>
<tr><td colspan="2">单元工程名称、部位</td><td colspan="2"></td><td>施工日期</td><td colspan="2">年　月　日至　　年　月　日</td></tr>
<tr><td colspan="2">项次</td><td colspan="2">检验项目</td><td>质量要求</td><td>检查记录</td><td>合格数</td><td>合格率</td></tr>
<tr><td rowspan="4">基础面</td><td rowspan="3">主控项目</td><td rowspan="2">1</td><td>岩基</td><td>符合设计要求</td><td></td><td></td><td></td></tr>
<tr><td>软基</td><td>预留保护层已挖除;基础面符合设计要求</td><td></td><td></td><td></td></tr>
<tr><td>2</td><td>地表水和地下水</td><td>妥善引排或封堵</td><td></td><td></td><td></td></tr>
<tr><td>一般项目</td><td>1</td><td>岩面清理</td><td>符合设计要求;清洗洁净、无积水、无积渣杂物</td><td></td><td></td><td></td></tr>
<tr><td rowspan="3">施工缝处理</td><td rowspan="2">主控项目</td><td>1</td><td>施工缝的留置位置</td><td>符合设计或有关施工规范规定</td><td></td><td></td><td></td></tr>
<tr><td>2</td><td>施工缝面凿毛</td><td>基面无乳皮,成毛面,微露粗砂</td><td></td><td></td><td></td></tr>
<tr><td>一般项目</td><td>1</td><td>缝面清理</td><td>符合设计要求;清洗洁净、无积水、无积渣杂物</td><td></td><td></td><td></td></tr>
<tr><td colspan="2">施工单位自评意见</td><td colspan="6">主控项目检验点全部合格,一般项目逐项检验点的合格率均不小于________%,且不合格检验点不集中分布;各项报验资料________SL 632—2012 的要求。

工序质量等级评定为:________________。

(签字,加盖公章)　　　　年　月　日</td></tr>
<tr><td colspan="2">监理单位复核意见</td><td colspan="6">经复核,主控项目检验点全部合格,一般项目逐项检验点的合格率均不小于________%,且不合格检验点不集中分布;各项报验资料________SL 632—2012 的要求。

工序质量等级评定为:________________。

(签字,加盖公章)　　　　年　月　日</td></tr>
</table>

______________工程

表 3201.2　预应力混凝土模板制作及安装工序施工质量验收评定表

单位工程名称		工序编号	
分部工程名称		施工单位	
单元工程名称、部位		施工日期	年　月　日至　　年　月　日

项次		检验项目		质量要求	检查记录	合格数	合格率
主控项目	1	稳定性、刚度和强度		满足混凝土施工荷载要求，并符合模板设计要求			
	2	承重模板底面高程		允许偏差 0~+5 mm			
	3	排架、梁、板、柱、墙、墩	结构断面尺寸	允许偏差±10 mm			
			轴线位置	允许偏差±10 mm			
			垂直度	允许偏差 5 mm			
	4	结构物边线与设计边线	外露表面	内模板：允许偏差 0~+10 mm； 外模板：允许偏差-10~0 mm			
			隐蔽内面	允许偏差 15 mm			
	5	预留孔、洞尺寸及位置	孔、洞尺寸	允许偏差 0~+10 mm			
			孔洞位置	允许偏差±10 mm			
一般项目	1	相邻两板面错台	外露表面	钢模：允许偏差 2 mm 木模：允许偏差 3 mm			
			隐蔽内面	允许偏差 5 mm			
	2	局部平整度	外露表面	钢模：允许偏差 3 mm 木模：允许偏差 5 mm			
			隐蔽内面	允许偏差 10 mm			
	3	板面缝隙	外露表面	钢模：允许偏差 1 mm 木模：允许偏差 2 mm			
			隐蔽内面	允许偏差 2 mm			
	4	结构物水平断面内部尺寸		允许偏差±20 mm			
	5	脱模剂涂刷		产品质量符合标准要求，涂刷均匀，无明显色差			
	6	模板外观		表面光洁、无污物			
施工单位自评意见	主控项目检验点全部合格，一般项目逐项检验点的合格率均不小于______%，且不合格检验点不集中分布；各项报验资料______SL 632—2012 的要求。 工序质量等级评定为：____________。 （签字，加盖公章）　　年　月　日						
监理单位复核意见	经复核，主控项目检验点全部合格，一般项目逐项检验点的合格率均不小于______%，且不合格检验点不集中分布；各项报验资料______SL 632—2012 的要求。 工序质量等级评定为：____________。 （签字，加盖公章）　　年　月　日						

________________工程

表 3201.3　预应力混凝土钢筋制作及安装工序施工质量验收评定表

<table>
<tr><td colspan="2">单位工程名称</td><td colspan="4"></td><td>工序编号</td><td colspan="3"></td></tr>
<tr><td colspan="2">分部工程名称</td><td colspan="4"></td><td>施工单位</td><td colspan="3"></td></tr>
<tr><td colspan="2">单元工程名称、部位</td><td colspan="4"></td><td>施工日期</td><td colspan="3">年　月　日至　　年　月　日</td></tr>
<tr><td colspan="2">项次</td><td colspan="4">检验项目</td><td>质量要求</td><td>检查记录</td><td>合格数</td><td>合格率</td></tr>
<tr><td rowspan="16">主控项目</td><td>1</td><td colspan="4">钢筋的数量、规格尺寸、安装位置</td><td>符合质量标准和设计的要求</td><td></td><td></td><td></td></tr>
<tr><td>2</td><td colspan="4">钢筋接头的力学性能</td><td>符合规范要求和国家及行业有关规定</td><td></td><td></td><td></td></tr>
<tr><td>3</td><td colspan="4">焊接接头和焊缝外观</td><td>不允许有裂缝、脱焊点、漏焊点，表面平顺，没有明显的咬边、凹陷、气孔等，钢筋不应有明显烧伤</td><td></td><td></td><td></td></tr>
<tr><td rowspan="13">4</td><td rowspan="13">钢筋连接</td><td rowspan="6">电弧焊</td><td colspan="2">帮条对焊接头中心</td><td>纵向偏移差不大于 0.5d</td><td></td><td></td><td></td></tr>
<tr><td colspan="2">接头处钢筋轴线的曲折</td><td>≤4°</td><td></td><td></td><td></td></tr>
<tr><td rowspan="4">焊缝</td><td>长度</td><td>允许偏差-0.5d</td><td></td><td></td><td></td></tr>
<tr><td>宽度</td><td>允许偏差-0.1d</td><td></td><td></td><td></td></tr>
<tr><td>高度</td><td>允许偏差-0.05d</td><td></td><td></td><td></td></tr>
<tr><td>表面气孔夹渣</td><td>在 2d 长度上数量不多于 2 个；气孔、夹渣的直径不大于 3 mm</td><td></td><td></td><td></td></tr>
<tr><td rowspan="4">对焊及熔槽焊</td><td rowspan="2">焊接接头根部未焊透深度</td><td>ϕ25 ~ 40 mm 钢筋</td><td>≤0.15d</td><td></td><td></td><td></td></tr>
<tr><td>ϕ40 ~ 70 mm 钢筋</td><td>≤0.10d</td><td></td><td></td><td></td></tr>
<tr><td colspan="2">接头处钢筋中心线的位移</td><td>0.10d 且不大于 2 mm</td><td></td><td></td><td></td></tr>
<tr><td colspan="2">蜂窝、气孔、非金属杂质</td><td>焊缝表面（长为 2d）和焊缝截面上不多于 3 个，且每个直径不大于 1.5 mm</td><td></td><td></td><td></td></tr>
<tr><td rowspan="3">绑扎连接</td><td colspan="2">缺扣、松扣</td><td>≤20%，且不集中</td><td></td><td></td><td></td></tr>
<tr><td colspan="2">弯钩朝向正确</td><td>符合设计图纸</td><td></td><td></td><td></td></tr>
<tr><td colspan="2">搭接长度</td><td>允许偏差-0.05 mm 设计值</td><td></td><td></td><td></td></tr>
</table>

______________工程

续表 3201.3

<table>
<tr><th colspan="2">项次</th><th colspan="4">检验项目</th><th>质量要求</th><th>检查记录</th><th>合格数</th><th>合格率</th></tr>
<tr><td rowspan="10">主控项目</td><td rowspan="8">4</td><td rowspan="8">钢筋连接</td><td rowspan="8">机械连接</td><td rowspan="4">带肋钢筋冷挤压连接接头</td><td>压痕处套筒外形尺寸</td><td>挤压后套筒长度应为原套筒长度的1.10~1.15倍，或压痕处套筒的外径波动范围为原套筒外径的0.8~0.9倍</td><td></td><td></td><td></td></tr>
<tr><td>挤压道次</td><td>符合型式检验结果</td><td></td><td></td><td></td></tr>
<tr><td>接头弯折</td><td>≤4°</td><td></td><td></td><td></td></tr>
<tr><td>裂缝检查</td><td>挤压后肉眼观察无裂缝</td><td></td><td></td><td></td></tr>
<tr><td rowspan="4">直（锥）螺纹连接接头</td><td>丝头外观质量</td><td>保护良好，无锈蚀和油污，牙形饱满光滑</td><td></td><td></td><td></td></tr>
<tr><td>套头外观质量</td><td>无裂纹或其他肉眼可见缺陷</td><td></td><td></td><td></td></tr>
<tr><td>外露丝扣</td><td>无1扣以上完整丝扣外露</td><td></td><td></td><td></td></tr>
<tr><td>螺纹匹配</td><td>丝头螺纹与套筒螺纹满足连接要求，螺纹结合紧密，无明显松动，以及相应处理方法得当</td><td></td><td></td><td></td></tr>
<tr><td>5</td><td colspan="4">钢筋间距</td><td>无明显过大过小的现象</td><td></td><td></td><td></td></tr>
<tr><td>6</td><td colspan="4">保护层厚度</td><td>允许偏差±1/4净保护层厚</td><td></td><td></td><td></td></tr>
<tr><td rowspan="5">一般项目</td><td>1</td><td colspan="4">钢筋长度方向</td><td>允许偏差±1/2净保护层厚</td><td></td><td></td><td></td></tr>
<tr><td rowspan="2">2</td><td colspan="2" rowspan="2">同一排受力钢筋间距</td><td colspan="2">排架、柱、梁</td><td>允许偏差±0.5d</td><td></td><td></td><td></td></tr>
<tr><td colspan="2">板、墙</td><td>允许偏差±0.1倍间距</td><td></td><td></td><td></td></tr>
<tr><td>3</td><td colspan="4">双排钢筋，其排与排间距</td><td>允许偏差±0.1倍排距</td><td></td><td></td><td></td></tr>
<tr><td>4</td><td colspan="4">梁与柱中箍筋间距</td><td>允许偏差±0.1倍箍筋间距</td><td></td><td></td><td></td></tr>
<tr><td colspan="2">施工单位自评意见</td><td colspan="8">主控项目检验点全部合格，一般项目逐项检验点的合格率均不小于_______%，且不合格检验点不集中分布；各项报验资料_______SL 632—2012的要求。

工序质量等级评定为：_______________。

（签字，加盖公章）　　　　年　月　日</td></tr>
<tr><td colspan="2">监理单位复核意见</td><td colspan="8">经复核，主控项目检验点全部合格，一般项目逐项检验点的合格率均不小于_______%，且不合格检验点不集中分布；各项报验资料_______SL 632—2012的要求。

工序质量等级评定为：_______________。

（签字，加盖公章）　　　　年　月　日</td></tr>
</table>

________________工程

表 3201.4 预应力混凝土预埋件制作及安装工序施工质量验收评定表

单位工程名称					工序编号			
分部工程名称					施工单位			
单元工程名称、部位					施工日期	年 月 日至 年 月 日		
项次		检验项目			质量要求	检查记录	合格数	合格率
止水片、止水带	主控项目	1	片(带)外观		表面平整,无浮皮、锈污、油渍、砂眼、钉孔、裂纹等			
		2	基座		符合设计要求(按基础面要求验收合格)			
		3	片(带)插入深度		符合设计要求			
		4	沥青井(柱)		位置准确、牢固,上下层衔接好,电热元件及绝热材料埋设准确,沥青填塞密实			
		5	接头		符合工艺要求			
	一般项目	1	片(带)偏差	宽	允许偏差±5 mm			
				高	允许偏差±2 mm			
				长	允许偏差±20 mm			
		2	搭接长度	金属止水片	≥20 mm,双面焊接			
				橡胶、PVC 止水带	≥100 mm			
				金属止水片与PVC 止水带接头栓接长度	≥350 mm(螺栓栓接法)			
		3	片(带)中心线与接缝中心线安装偏差		允许偏差±5 mm			
伸缩缝(填充材料)	主控项目	1	伸缩缝缝面		平整、顺直、干燥,外露铁件应割除,确保伸缩有效			
	一般项目	1	涂敷沥青料		涂刷均匀平整、与混凝土黏结紧密,无气泡及隆起现象			
		2	粘贴沥青油毛毡		铺设厚度均匀平整、牢固、搭接紧密			
		3	铺设预制油毡板或其他闭缝板		铺设厚度均匀平整、牢固、相邻块安装紧密平整无缝			

____________工程

续表 3201.4

<table>
<tr><th colspan="3">项次</th><th colspan="3">检验项目</th><th>质量要求</th><th>检查记录</th><th>合格数</th><th>合格率</th></tr>
<tr><td rowspan="7">排水系统</td><td rowspan="2">主控项目</td><td>1</td><td colspan="3">孔口装置</td><td>按设计要求加工、安装，并进行防锈处理，安装牢固，不应有渗水、漏水现象</td><td></td><td></td><td></td></tr>
<tr><td>2</td><td colspan="3">排水管通畅性</td><td>通畅</td><td></td><td></td><td></td></tr>
<tr><td rowspan="5">一般项目</td><td>1</td><td colspan="3">排水孔倾斜度</td><td>允许偏差 4%</td><td></td><td></td><td></td></tr>
<tr><td>2</td><td colspan="3">排水孔（管）位置</td><td>允许偏差 100 mm</td><td></td><td></td><td></td></tr>
<tr><td rowspan="3">3</td><td rowspan="3">基岩排水孔</td><td rowspan="2">倾斜度</td><td>孔深不小于 8 m</td><td>允许偏差 1%</td><td></td><td></td><td></td></tr>
<tr><td>孔深小于 8 m</td><td>允许偏差 2%</td><td></td><td></td><td></td></tr>
<tr><td colspan="2">深度</td><td>允许偏差±0.5%</td><td></td><td></td><td></td></tr>
<tr><td rowspan="2">冷却及灌浆管路</td><td>主控项目</td><td>1</td><td colspan="3">管路安装</td><td>安装牢固、可靠，接头不漏水、不漏气、无堵塞</td><td></td><td></td><td></td></tr>
<tr><td>一般项目</td><td>1</td><td colspan="3">管路出口</td><td>露出模板外 300～500 mm，妥善保护，有识别标志</td><td></td><td></td><td></td></tr>
<tr><td rowspan="7">铁件</td><td>主控项目</td><td>1</td><td colspan="3">高程、方位、埋入深度及外露长度等</td><td>符合设计要求</td><td></td><td></td><td></td></tr>
<tr><td rowspan="6">一般项目</td><td>1</td><td colspan="3">铁件外观</td><td>表面无锈皮、油污等</td><td></td><td></td><td></td></tr>
<tr><td rowspan="2">2</td><td rowspan="2">锚筋钻孔位置</td><td colspan="2">梁、柱的锚筋</td><td>允许偏差 20 mm</td><td></td><td></td><td></td></tr>
<tr><td colspan="2">钢筋网的锚筋</td><td>允许偏差 50 mm</td><td></td><td></td><td></td></tr>
<tr><td>3</td><td colspan="3">钻孔底部的孔径</td><td>锚筋直径 d+20 mm</td><td></td><td></td><td></td></tr>
<tr><td>4</td><td colspan="3">钻孔深度</td><td>符合设计要求</td><td></td><td></td><td></td></tr>
<tr><td>5</td><td colspan="3">钻孔的倾斜度相对设计轴线</td><td>允许偏差 5%（在全孔深度范围内）</td><td></td><td></td><td></td></tr>
<tr><td colspan="3">施工单位自评意见</td><td colspan="7">主控项目检验点全部合格，一般项目逐项检验点的合格率均不小于______%，且不合格检验点不集中分布；各项报验资料______SL 632—2012 的要求。

工序质量等级评定为：____________。

（签字，加盖公章）　　年　月　日</td></tr>
<tr><td colspan="3">监理单位复核意见</td><td colspan="7">经复核，主控项目检验点全部合格，一般项目逐项检验点的合格率均不小于______%，且不合格检验点不集中分布；各项报验资料______SL 632—2012 的要求。

工序质量等级评定为：____________。

（签字，加盖公章）　　年　月　日</td></tr>
</table>

________________工程

表 3201.5　预应力混凝土浇筑工序施工质量验收评定表

<table>
<tr><td colspan="2">单位工程名称</td><td></td><td>工序编号</td><td colspan="3"></td></tr>
<tr><td colspan="2">分部工程名称</td><td></td><td>施工单位</td><td colspan="3"></td></tr>
<tr><td colspan="2">单元工程名称、部位</td><td></td><td>施工日期</td><td colspan="3">年　月　日至　年　月　日</td></tr>
<tr><td colspan="2">项次</td><td>检验项目</td><td>质量要求</td><td>检查记录</td><td>合格数</td><td>合格率</td></tr>
<tr><td rowspan="6">主控项目</td><td>1</td><td>入仓混凝土料</td><td>无不合格料入仓;如有少量不合格料入仓,应及时处理至达到要求</td><td></td><td></td><td></td></tr>
<tr><td>2</td><td>平仓分层</td><td>厚度不大于振捣棒有效长度的 90%,铺设均匀,分层清楚,无骨料集中现象</td><td></td><td></td><td></td></tr>
<tr><td>3</td><td>混凝土振捣</td><td>振捣器垂直插入下层 5 cm,有次序,间距、留振时间合理,无漏振、无超振</td><td></td><td></td><td></td></tr>
<tr><td>4</td><td>铺筑间歇时间</td><td>符合要求,无初凝现象</td><td></td><td></td><td></td></tr>
<tr><td>5</td><td>浇筑温度(指有温控要求的混凝土)</td><td>满足设计要求</td><td></td><td></td><td></td></tr>
<tr><td>6</td><td>混凝土养护</td><td>表面保持湿润;连续养护时间基本满足设计要求</td><td></td><td></td><td></td></tr>
<tr><td rowspan="5">一般项目</td><td>1</td><td>砂浆铺筑</td><td>厚度宜为 2~3 cm,均匀平整,无漏铺</td><td></td><td></td><td></td></tr>
<tr><td>2</td><td>积水和泌水</td><td>无外部水流入,泌水排除及时</td><td></td><td></td><td></td></tr>
<tr><td>3</td><td>插筋、管路等埋设件以及模板的保护</td><td>保护好,符合设计要求</td><td></td><td></td><td></td></tr>
<tr><td>4</td><td>混凝土表面保护</td><td>保护时间、保温材料质量符合设计要求</td><td></td><td></td><td></td></tr>
<tr><td>5</td><td>脱模</td><td>脱模时间符合施工技术规范或设计要求</td><td></td><td></td><td></td></tr>
<tr><td colspan="2">施工单位自评意见</td><td colspan="5">主控项目检验点全部合格,一般项目逐项检验点的合格率均不小于______%,且不合格检验点不集中分布;各项报验资料______SL 632—2012 的要求。
工序质量等级评定为:__________。
(签字,加盖公章)　　年　月　日</td></tr>
<tr><td colspan="2">监理单位复核意见</td><td colspan="5">经复核,主控项目检验点全部合格,一般项目逐项检验点的合格率均不小于______%,且不合格检验点不集中分布;各项报验资料______SL 632—2012 的要求。
工序质量等级评定为:__________。
(签字,加盖公章)　　年　月　日</td></tr>
</table>

______________工程

表 3201.6　预应力筋孔道预留工序施工质量验收评定表

<table>
<tr><td colspan="3">单位工程名称</td><td colspan="2"></td><td>工序编号</td><td colspan="3"></td></tr>
<tr><td colspan="3">分部工程名称</td><td colspan="2"></td><td>施工单位</td><td colspan="3"></td></tr>
<tr><td colspan="3">单元工程名称、部位</td><td colspan="2"></td><td>施工日期</td><td colspan="3">年　月　日至　年　月　日</td></tr>
<tr><td colspan="2">项次</td><td colspan="2">检验项目</td><td colspan="2">质量要求</td><td>检查记录</td><td>合格数</td><td>合格率</td></tr>
<tr><td rowspan="3">主控项目</td><td>1</td><td colspan="2">孔道位置</td><td colspan="2">位置和间距符合设计要求</td><td></td><td></td><td></td></tr>
<tr><td>2</td><td colspan="2">孔道数量</td><td colspan="2">符合设计要求</td><td></td><td></td><td></td></tr>
<tr><td>3</td><td colspan="2">孔口承压钢垫板尺寸及强度</td><td colspan="2">几何尺寸、结构强度应满足设计要求</td><td></td><td></td><td></td></tr>
<tr><td rowspan="8">一般项目</td><td>1</td><td colspan="2">造孔</td><td colspan="2">埋管的管模应架立牢靠，并加妥善保护；拔管时间应通过现场试验确定</td><td></td><td></td><td></td></tr>
<tr><td>2</td><td colspan="2">孔径</td><td colspan="2">符合设计要求</td><td></td><td></td><td></td></tr>
<tr><td>3</td><td colspan="2">孔道的通畅性</td><td colspan="2">孔道通畅、平顺；接头应严密且不应漏浆</td><td></td><td></td><td></td></tr>
<tr><td rowspan="3">4</td><td rowspan="3">孔口承压钢垫板</td><td>垂直度</td><td colspan="2">承压面与锚孔轴线应保持垂直，其误差不应大于 0.5°</td><td></td><td></td><td></td></tr>
<tr><td>位置</td><td colspan="2">孔道中心线应与锚孔轴线重合</td><td></td><td></td><td></td></tr>
<tr><td>牢固度</td><td colspan="2">承压钢垫板底部混凝土或水泥砂浆充填密实，安装牢固</td><td></td><td></td><td></td></tr>
<tr><td>5</td><td colspan="2">灌浆孔和泌水孔的设置</td><td colspan="2">数量、位置、规格符合设计要求；连接通畅</td><td></td><td></td><td></td></tr>
<tr><td>6</td><td colspan="2">环锚预留槽</td><td colspan="2">喇叭管中心线应与槽板垂直</td><td></td><td></td><td></td></tr>
<tr><td colspan="2">施工单位自评意见</td><td colspan="7">主控项目检验点全部合格，一般项目逐项检验点的合格率均不小于________%，且不合格检验点不集中分布；各项报验资料________SL 632—2012 的要求。

工序质量等级评定为：______________。

（签字，加盖公章）　　年　月　日</td></tr>
<tr><td colspan="2">监理单位复核意见</td><td colspan="7">经复核，主控项目检验点全部合格，一般项目逐项检验点的合格率均不小于________%，且不合格检验点不集中分布；各项报验资料________SL 632—2012 的要求。

工序质量等级评定为：______________。

（签字，加盖公章）　　年　月　日</td></tr>
</table>

________工程

表 3201.7 预应力筋制作及安装工序施工质量验收评定表

<table>
<tr><td colspan="2">单位工程名称</td><td colspan="2"></td><td>工序编号</td><td colspan="3"></td></tr>
<tr><td colspan="2">分部工程名称</td><td colspan="2"></td><td>施工单位</td><td colspan="3"></td></tr>
<tr><td colspan="2">单元工程名称、部位</td><td colspan="2"></td><td>施工日期</td><td colspan="3">年 月 日至 年 月 日</td></tr>
<tr><td colspan="2">项次</td><td>检验项目</td><td>质量要求</td><td colspan="2">检查记录</td><td>合格数</td><td>合格率</td></tr>
<tr><td>主控项目</td><td>1</td><td>锚具、夹具、连接器的质量</td><td>符合 GB/T 14370 和设计要求</td><td colspan="2"></td><td></td><td></td></tr>
<tr><td rowspan="3">一般项目</td><td>1</td><td>预应力筋制作</td><td>当钢丝束两端采用镦头锚具时，各根钢丝长度差不大于下料长度的 1/5 000，且不应超过 5 mm；下料时应采用机械切割机切割，不应采用电弧切割，其他类型锚头的锚束下料长度与切割方法，应按施工要求选定</td><td colspan="2"></td><td></td><td></td></tr>
<tr><td>2</td><td>安装</td><td>预应力筋束号应与孔号一致</td><td colspan="2"></td><td></td><td></td></tr>
<tr><td>3</td><td>无黏结预应力筋的铺设</td><td>预应力筋应定位准确、安装牢固，浇筑混凝土时不应出现移位和变形；护套应完整</td><td colspan="2"></td><td></td><td></td></tr>
<tr><td colspan="2">施工单位自评意见</td><td colspan="6">主控项目检验点全部合格，一般项目逐项检验点的合格率均不小于________%，且不合格检验点不集中分布；各项报验资料________SL 632—2012 的要求。

工序质量等级评定为：________________。

（签字，加盖公章） 年 月 日</td></tr>
<tr><td colspan="2">监理单位复核意见</td><td colspan="6">经复核，主控项目检验点全部合格，一般项目逐项检验点的合格率均不小于________%，且不合格检验点不集中分布；各项报验资料________SL 632—2012 的要求。

工序质量等级评定为：________________。

（签字，加盖公章） 年 月 日</td></tr>
</table>

______________工程

表 3201.8 预应力筋张拉工序施工质量验收评定表

<table>
<tr><td colspan="3">单位工程名称</td><td colspan="2"></td><td>工序编号</td><td colspan="3"></td></tr>
<tr><td colspan="3">分部工程名称</td><td colspan="2"></td><td>施工单位</td><td colspan="3"></td></tr>
<tr><td colspan="3">单元工程名称、部位</td><td colspan="2"></td><td>施工日期</td><td colspan="3">年 月 日至 年 月 日</td></tr>
<tr><td colspan="2">项次</td><td>检验项目</td><td colspan="2">质量要求</td><td colspan="2">检查记录</td><td>合格数</td><td>合格率</td></tr>
<tr><td rowspan="3">主控项目</td><td>1</td><td>混凝土抗压强度</td><td colspan="2">预应力筋张拉时，混凝土强度应符合设计要求；当设计无具体要求时，闸墩混凝土抗压强度应达到设计值的90%，梁板混凝土抗压强度不低于设计值的70%</td><td colspan="2"></td><td></td><td></td></tr>
<tr><td>2</td><td>张拉设备</td><td colspan="2">应配套标定，定期率定，且在有效期内使用</td><td colspan="2"></td><td></td><td></td></tr>
<tr><td>3</td><td>张拉程序</td><td colspan="2">技术指标符合设计要求和规范规定</td><td colspan="2"></td><td></td><td></td></tr>
<tr><td rowspan="4">一般项目</td><td>1</td><td>稳压时间</td><td colspan="2">不少于 2 min</td><td colspan="2"></td><td></td><td></td></tr>
<tr><td>2</td><td>外锚头防护</td><td colspan="2">确保防腐脂不外漏</td><td colspan="2"></td><td></td><td></td></tr>
<tr><td>3</td><td>无黏结型永久防护</td><td colspan="2">措施可靠、耐久，并且有良好的化学稳定性，应符合设计要求</td><td colspan="2"></td><td></td><td></td></tr>
<tr><td>4</td><td>环锚预留槽回填</td><td colspan="2">回填前对槽内冲洗干净、涂浓水泥浆。回填混凝土强度等级应与衬砌圈混凝土一致</td><td colspan="2"></td><td></td><td></td></tr>
<tr><td colspan="2">施工单位自评意见</td><td colspan="7">主控项目检验点全部合格，一般项目逐项检验点的合格率均不小于_______%，且不合格检验点不集中分布；各项报验资料_______SL 632—2012 的要求。
工序质量等级评定为：______________。
（签字，加盖公章） 年 月 日</td></tr>
<tr><td colspan="2">监理单位复核意见</td><td colspan="7">经复核，主控项目检验点全部合格，一般项目逐项检验点的合格率均不小于_______%，且不合格检验点不集中分布；各项报验资料_______SL 632—2012 的要求。
工序质量等级评定为：______________。
（签字，加盖公章） 年 月 日</td></tr>
</table>

________工程

表 3201.9 有黏结预应力筋灌浆工序施工质量验收评定表

<table>
<tr><td colspan="2">单位工程名称</td><td colspan="2"></td><td>工序编号</td><td colspan="3"></td></tr>
<tr><td colspan="2">分部工程名称</td><td colspan="2"></td><td>施工单位</td><td colspan="3"></td></tr>
<tr><td colspan="2">单元工程名称、部位</td><td colspan="2"></td><td>施工日期</td><td colspan="3">年 月 日至 年 月 日</td></tr>
<tr><td colspan="2">项次</td><td>检验项目</td><td>质量要求</td><td colspan="2">检查记录</td><td>合格数</td><td>合格率</td></tr>
<tr><td rowspan="2">主控项目</td><td>1</td><td>浆液质量</td><td>水泥浆水灰比宜采用 0.3～0.4；水泥砂浆水灰比宜采用 0.5</td><td colspan="2"></td><td></td><td></td></tr>
<tr><td>2</td><td>灌浆质量</td><td>封孔灌浆应形成密实的、完整的保护层</td><td colspan="2"></td><td></td><td></td></tr>
<tr><td colspan="2">施工单位自评意见</td><td colspan="6">主控项目检验点全部合格，一般项目逐项检验点的合格率均不小于______%，且不合格检验点不集中分布；各项报验资料______SL 632—2012 的要求。
工序质量等级评定为：____________。
（签字，加盖公章） 年 月 日</td></tr>
<tr><td colspan="2">监理单位复核意见</td><td colspan="6">经复核，主控项目检验点全部合格，一般项目逐项检验点的合格率均不小于______%，且不合格检验点不集中分布；各项报验资料______SL 632—2012 的要求。
工序质量等级评定为：____________。
（签字，加盖公章） 年 月 日</td></tr>
</table>

____________工程

表 3201.10　预应力混凝土外观质量检查工序施工质量验收评定表

<table>
<tr><td colspan="3">单位工程名称</td><td colspan="2"></td><td>工序编号</td><td colspan="2"></td></tr>
<tr><td colspan="3">分部工程名称</td><td colspan="2"></td><td>施工单位</td><td colspan="2"></td></tr>
<tr><td colspan="3">单元工程名称、部位</td><td colspan="2"></td><td>施工日期</td><td colspan="2">年　月　日至　　年　月　日</td></tr>
<tr><td colspan="2">项次</td><td colspan="2">检验项目</td><td>质量要求</td><td>检查记录</td><td>合格数</td><td>合格率</td></tr>
<tr><td rowspan="8">闸墩、隧洞混凝土</td><td rowspan="3">主控项目</td><td>1</td><td>有平整度要求的部位</td><td>符合设计及规范要求</td><td></td><td></td><td></td></tr>
<tr><td>2</td><td>形体尺寸</td><td>符合设计要求或允许偏差±20 mm</td><td></td><td></td><td></td></tr>
<tr><td>3</td><td>重要部位缺损</td><td>不允许出现缺损</td><td></td><td></td><td></td></tr>
<tr><td rowspan="5">一般项目</td><td>1</td><td>表面平整度</td><td>每 2 m 偏差不大于 8 mm</td><td></td><td></td><td></td></tr>
<tr><td>2</td><td>麻面、蜂窝</td><td>麻面、蜂窝累计面积不超过 0.5%。经处理符合设计要求</td><td></td><td></td><td></td></tr>
<tr><td>3</td><td>孔洞</td><td>单个面积不超过 0.01 m^2，且深度不超过骨料最大粒径；经处理符合设计要求</td><td></td><td></td><td></td></tr>
<tr><td>4</td><td>错台、跑模、掉角</td><td>经处理符合设计要求</td><td></td><td></td><td></td></tr>
<tr><td>5</td><td>表面裂缝</td><td>短小、深度不大于钢筋保护层厚度的表面裂缝经处理符合设计要求</td><td></td><td></td><td></td></tr>
<tr><td rowspan="4">预制件混凝土</td><td rowspan="2">主控项目</td><td>1</td><td>外观检查</td><td>无缺陷</td><td></td><td></td><td></td></tr>
<tr><td>2</td><td>尺寸偏差</td><td>预制构件不应有影响结构性能和安装、使用功能的尺寸偏差</td><td></td><td></td><td></td></tr>
<tr><td rowspan="2">一般项目</td><td>1</td><td>预制构件标识</td><td>应在明显部位标明生产单位、构件型号、生产日期和质量验收标志</td><td></td><td></td><td></td></tr>
<tr><td>2</td><td>构件上的预埋件、插筋和预留孔洞的规格、位置和数量</td><td>应符合标准图或设计的要求</td><td></td><td></td><td></td></tr>
<tr><td colspan="2">施工单位自评意见</td><td colspan="6">主控项目检验点全部合格，一般项目逐项检验点的合格率均不小于_______%，且不合格检验点不集中分布；各项报验资料_______SL 632—2012 的要求。

工序质量等级评定为：_______________。

（签字，加盖公章）　　　年　月　日</td></tr>
<tr><td colspan="2">监理单位复核意见</td><td colspan="6">经复核，主控项目检验点全部合格，一般项目逐项检验点的合格率均不小于_______%，且不合格检验点不集中分布；各项报验资料_______SL 632—2012 的要求。

工序质量等级评定为：_______________。

（签字，加盖公章）　　　年　月　日</td></tr>
</table>

第3章 混凝土预制构件安装工程

表3301 混凝土预制构件安装工程单元工程施工质量验收评定表

________________工程

表 3301 混凝土预制构件安装工程单元工程施工质量验收评定表

<table>
<tr><td colspan="2">单位工程名称</td><td></td><td>单元工程量</td><td></td></tr>
<tr><td colspan="2">分部工程名称</td><td></td><td>施工单位</td><td></td></tr>
<tr><td colspan="2">单元工程名称、部位</td><td></td><td>施工日期</td><td>年 月 日至 年 月 日</td></tr>
<tr><td>项次</td><td>工序名称(或编号)</td><td colspan="3">工序质量验收评定等级</td></tr>
<tr><td>1</td><td>构件外观质量检查</td><td colspan="3"></td></tr>
<tr><td>2</td><td>△预制件吊装</td><td colspan="3"></td></tr>
<tr><td>3</td><td>预制件接缝及接头处理</td><td colspan="3"></td></tr>
<tr><td>施工单位自评意见</td><td colspan="4">各工序施工质量全部合格,其中优良工序占______%,且主要工序达到______等级,各项报验资料______SL 632—2012 的要求。

单元工程质量等级评定为:____________。

(签字,加盖公章) 年 月 日</td></tr>
<tr><td>监理单位复核意见</td><td colspan="4">经抽查并查验相关检验报告和检验资料,各工序施工质量全部合格,其中优良工序占______%,且主要工序达到______等级,各项报验资料______SL 632—2012 的要求。

单元工程质量等级评定为:____________。

(签字,加盖公章) 年 月 日</td></tr>
</table>

注:本表所填"单元工程量"不作为施工单位工程量结算计量的依据。

________工程

表 3301.1　混凝土预制构件外观质量检查工序施工质量验收评定表

<table>
<tr><td colspan="3">单位工程名称</td><td></td><td>工序编号</td><td colspan="2"></td></tr>
<tr><td colspan="3">分部工程名称</td><td></td><td>施工单位</td><td colspan="2"></td></tr>
<tr><td colspan="3">单元工程名称、部位</td><td></td><td>施工日期</td><td colspan="2">年　月　日至　　年　月　日</td></tr>
<tr><td colspan="2">项次</td><td>检验项目</td><td>质量要求</td><td>检查记录</td><td>合格数</td><td>合格率</td></tr>
<tr><td rowspan="2">主控项目</td><td>1</td><td>外观检查</td><td>无缺陷</td><td></td><td></td><td></td></tr>
<tr><td>2</td><td>尺寸偏差</td><td>预制构件不应有影响结构性能和安装、使用功能的尺寸偏差</td><td></td><td></td><td></td></tr>
<tr><td rowspan="2">一般项目</td><td>1</td><td>预制构件标识</td><td>应在明显部位标明生产单位、构件型号、生产日期和质量验收标志</td><td></td><td></td><td></td></tr>
<tr><td>2</td><td>构件上的预埋件、插筋和预留孔洞的规格、位置和数</td><td>应符合标准图或设计的要求</td><td></td><td></td><td></td></tr>
<tr><td colspan="2">施工单位自评意见</td><td colspan="5">主控项目检验点全部合格，一般项目逐项检验点的合格率均不小于________%，且不合格检验点不集中分布；各项报验资料________SL 632—2012 的要求。

工序质量等级评定为：________________。

（签字，加盖公章）　　　年　月　日</td></tr>
<tr><td colspan="2">监理单位复核意见</td><td colspan="5">经复核，主控项目检验点全部合格，一般项目逐项检验点的合格率均不小于________%，且不合格检验点不集中分布；各项报验资料________SL 632—2012 的要求。

工序质量等级评定为：________________。

（签字，加盖公章）　　　年　月　日</td></tr>
</table>

________________工程

表 3301.2　混凝土预制件吊装工序施工质量验收评定表

单位工程名称		工序编号	
分部工程名称		施工单位	
单元工程名称、部位		施工日期	年　月　日至　年　月　日

项次		检验项目			质量要求	检查记录	合格数	合格率
主控项目	1	构件型号和安装位置			符合设计要求			
	2	构件吊装时的混凝土强度			符合设计要求。设计无规定时，不应低于设计强度标准值的 70%；预应力构件孔道灌浆的强度，应达到设计要求			
一般项目	1	柱	中心线和轴线位移		允许偏差±5 mm			
	2		垂直度	柱高 10 m 以下	允许偏差 10 mm			
	3			柱高 10 m 及其以上	允许偏差 20 mm			
	4		牛腿上表面、柱顶标高		允许偏差 -8~0 mm			
	5	梁或吊车梁	中心线和轴线位移		允许偏差±5 mm			
	6		梁顶面标高		允许偏差-5~0 mm			
	7	屋架	下弦中心线和轴线位移		允许偏差±5 mm			
	8		垂直度	桁架、拱形屋架	允许偏差 1/250 屋架高			
	9			薄腹梁	允许偏差 5 mm			
	10	板	相邻两板下表面平整	抹灰	允许偏差 5 mm			
	11			不抹灰	允许偏差 3 mm			

________工程

续表 3301.2

<table>
<tr><th colspan="2">项次</th><th colspan="2">检验项目</th><th>质量要求</th><th>检查记录</th><th>合格数</th><th>合格率</th></tr>
<tr><td rowspan="4">一般项目</td><td>12</td><td rowspan="2">预制廊道、井筒板（埋入建筑物）</td><td>中心线和轴线位移</td><td>允许偏差±20 mm</td><td></td><td></td><td></td></tr>
<tr><td>13</td><td>相邻两构件的表面平整</td><td>允许偏差 10 mm</td><td></td><td></td><td></td></tr>
<tr><td rowspan="2">14</td><td rowspan="2">建筑物外表面模板</td><td>相邻两板面高差</td><td>允许偏差 3 mm（局部 5 mm）</td><td></td><td></td><td></td></tr>
<tr><td>外边线与结构物边线</td><td>允许偏差±10 mm</td><td></td><td></td><td></td></tr>
<tr><td colspan="2">施工单位自评意见</td><td colspan="6">主控项目检验点全部合格，一般项目逐项检验点的合格率均不小于________%，且不合格检验点不集中分布；各项报验资料________SL 632—2012 的要求。
工序质量等级评定为：________________。
（签字，加盖公章）　　年　月　日</td></tr>
<tr><td colspan="2">监理单位复核意见</td><td colspan="6">经复核，主控项目检验点全部合格，一般项目逐项检验点的合格率均不小于________%，且不合格检验点不集中分布；各项报验资料________SL 632—2012 的要求。
工序质量等级评定为：________________。
（签字，加盖公章）　　年　月　日</td></tr>
</table>

__________________工程

表 3301.3　混凝土预制件接缝及接头处理工序施工质量验收评定表

<table>
<tr><td colspan="3">单位工程名称</td><td colspan="2"></td><td>工序编号</td><td colspan="2"></td></tr>
<tr><td colspan="3">分部工程名称</td><td colspan="2"></td><td>施工单位</td><td colspan="2"></td></tr>
<tr><td colspan="3">单元工程名称、部位</td><td colspan="2"></td><td>施工日期</td><td colspan="2">年　月　日至　　年　月　日</td></tr>
<tr><td colspan="2">项次</td><td>检验项目</td><td>质量要求</td><td colspan="2">检查记录</td><td>合格数</td><td>合格率</td></tr>
<tr><td>主控项目</td><td>1</td><td>构件连接</td><td>构件与底座、构件与构件的连接应符合设计要求，受力接头应符合 GB 50204 的规定</td><td colspan="2"></td><td></td><td></td></tr>
<tr><td rowspan="2">一般项目</td><td>1</td><td>接缝凿毛处理</td><td>符合设计要求</td><td colspan="2"></td><td></td><td></td></tr>
<tr><td>2</td><td>构件接缝的混凝土（砂浆）</td><td>养护符合设计要求，且在规定的时间内不应拆除其支承模板</td><td colspan="2"></td><td></td><td></td></tr>
<tr><td colspan="2">施工单位自评意见</td><td colspan="6">主控项目检验点全部合格，一般项目逐项检验点的合格率均不小于_______%，且不合格检验点不集中分布；各项报验资料_______SL 632—2012 的要求。
工序质量等级评定为：______________。
（签字，加盖公章）　　年　月　日</td></tr>
<tr><td colspan="2">监理单位复核意见</td><td colspan="6">经复核，主控项目检验点全部合格，一般项目逐项检验点的合格率均不小于_______%，且不合格检验点不集中分布；各项报验资料_______SL 632—2012 的要求。
工序质量等级评定为：______________。
（签字，加盖公章）　　年　月　日</td></tr>
</table>

第 4 章　安全监测设施安装工程

表 3401　安全监测仪器设备安装埋设单元工程施工质量验收评定表

表 3402　观测孔(井)单元工程施工质量验收评定表

表 3403　外部变形观测设施垂线安装单元工程施工质量验收评定表

表 3404　外部变形观测设施引张线安装单元工程施工质量验收评定表

表 3405　外部变形观测设施视准线安装单元工程施工质量验收评定表

表 3406　外部变形观测设施激光准直安装单元工程施工质量验收评定表

______________工程

表 3401　安全监测仪器设备安装埋设单元工程施工质量验收评定表

<table>
<tr><td colspan="2">单位工程名称</td><td></td><td>单元工程量</td><td></td></tr>
<tr><td colspan="2">分部工程名称</td><td></td><td>施工单位</td><td></td></tr>
<tr><td colspan="2">单元工程名称、部位</td><td></td><td>施工日期</td><td>年　月　日至　　年　月　日</td></tr>
<tr><td>项次</td><td>工序名称(或编号)</td><td colspan="3">工序质量验收评定等级</td></tr>
<tr><td>1</td><td>安全监测仪器设备检验</td><td colspan="3"></td></tr>
<tr><td>2</td><td>△安全监测仪器安装埋设</td><td colspan="3"></td></tr>
<tr><td>3</td><td>观测电缆敷设</td><td colspan="3"></td></tr>
<tr><td>施工单位自评意见</td><td colspan="4">各工序施工质量全部合格,其中优良工序占________%,且主要工序达到________等级,各项报验资料________SL 632—2012 的要求。
单元工程质量等级评定为:______________。
(签字,加盖公章)　　　年　月　日</td></tr>
<tr><td>监理单位复核意见</td><td colspan="4">经抽查并查验相关检验报告和检验资料,各工序施工质量全部合格,其中优良工序占________%,且主要工序达到________等级,各项报验资料________SL 632—2012 的要求。
单元工程质量等级评定为:______________。
(签字,加盖公章)　　　年　月　日</td></tr>
</table>

注:本表所填“单元工程量”不作为施工单位工程量结算计量的依据。

______________工程

表 3401.1　安全监测仪器设备检验工序施工质量验收评定表

<table>
<tr><td colspan="2">单位工程名称</td><td colspan="2"></td><td>工序编号</td><td colspan="3"></td></tr>
<tr><td colspan="2">分部工程名称</td><td colspan="2"></td><td>施工单位</td><td colspan="3"></td></tr>
<tr><td colspan="2">单元工程名称、部位</td><td colspan="2"></td><td>施工日期</td><td colspan="3">年　月　日至　　年　月　日</td></tr>
<tr><td colspan="2">项次</td><td>检验项目</td><td>质量要求</td><td colspan="2">检查记录</td><td>合格数</td><td>合格率</td></tr>
<tr><td rowspan="5">主控项目</td><td>1</td><td>力学性能检验</td><td>符合设计和规范要求</td><td colspan="2"></td><td></td><td></td></tr>
<tr><td>2</td><td>防水性能检查</td><td>符合设计和规范要求</td><td colspan="2"></td><td></td><td></td></tr>
<tr><td>3</td><td>温度性能检验</td><td>检验仪器的温度、绝缘电阻满足设计及规范要求</td><td colspan="2"></td><td></td><td></td></tr>
<tr><td>4</td><td>电阻比电桥检验</td><td>绝缘电阻、零位电阻及变差、电阻比及电阻准确度、内附检流计灵敏度及工作时间符合规范要求</td><td colspan="2"></td><td></td><td></td></tr>
<tr><td>5</td><td>检验记录</td><td>准确、完整、清晰</td><td colspan="2"></td><td></td><td></td></tr>
<tr><td rowspan="2">一般项目</td><td>1</td><td>仪器设备现场检验</td><td>检查仪器工作状态；校核仪器出厂参数；验证仪器各项质量指标</td><td colspan="2"></td><td></td><td></td></tr>
<tr><td>2</td><td>仪器保管</td><td>仪器设备安装埋设前，应存放在温度、湿度满足要求的仓库内上架保管</td><td colspan="2"></td><td></td><td></td></tr>
<tr><td>施工单位自评意见</td><td colspan="7">主控项目检验点全部合格，一般项目逐项检验点的合格率均不小于______%，且不合格检验点不集中分布；各项报验资料______SL 632—2012 的要求。

工序质量等级评定为：______________。

（签字，加盖公章）　　　年　月　日</td></tr>
<tr><td>监理单位复核意见</td><td colspan="7">经复核，主控项目检验点全部合格，一般项目逐项检验点的合格率均不小于______%，且不合格检验点不集中分布；各项报验资料______SL 632—2012 的要求。

工序质量等级评定为：______________。

（签字，加盖公章）　　　年　月　日</td></tr>
</table>

________________工程

表 3401.2 安全监测仪器安装埋设工序施工质量验收评定表

单位工程名称				工序编号		
分部工程名称				施工单位		
单元工程名称、部位				施工日期	年 月 日至 年 月 日	
项次		检验项目	质量要求	检查记录	合格数	合格率
主控项目	1	外观	表面无锈蚀、伤痕及裂痕，引出的电缆护套无损伤			
	2	规格、型号、数量	符合设计和规范要求			
	3	埋设部位预留孔槽、导管及各种预埋件	符合设计要求			
	4	观测用电缆连接与接线	符合规范要求			
	5	屏蔽电缆连接	各芯线应等长，电缆芯线和外套均可用热缩管热缩接头，也可采用专用电缆接头保护套			
一般项目	1	埋设仪器及附件预安装	埋设前应进行配套组装并检验合格			
	2	仪器编号	复查设计编号、出厂编号、自由状态测试			
	3	仪器安装埋设方向误差	应符合设计要求			
	4	基岩中仪器埋设	槽孔清洗干净，回填砂浆符合设计要求			
	5	混凝土中仪器埋设	符合设计要求			
	6	仪器保护检查调试	埋设过程中应经常监测仪器工作状态，发现异常及时采取补救或更换仪器；埋设应做好标记，派专人维护，以防损坏			
	7	仪器埋设记录	仪器埋设质量验收表、竣工图、考证表、测量资料、施工记录、安装照片和相关土建工作验收资料			
	8	观测时间及测次规定	仪器埋设后立即全面检测电阻比、温度电阻、总电阻、分线电阻和绝缘性能，判断仪器工作状态、采集初始读数			
施工单位自评意见	主控项目检验点全部合格，一般项目逐项检验点的合格率均不小于________%，且不合格检验点不集中分布；各项报验资料________SL 632—2012 的要求。 工序质量等级评定为：________________。 （签字，加盖公章） 年 月 日					
监理单位复核意见	经复核，主控项目检验点全部合格，一般项目逐项检验点的合格率均不小于________%，且不合格检验点不集中分布；各项报验资料________SL 632—2012 的要求。 工序质量等级评定为：________________。 （签字，加盖公章） 年 月 日					

________________工程

表 3401.3 观测电缆敷设工序施工质量验收评定表

<table>
<tr><td colspan="2">单位工程名称</td><td colspan="2"></td><td>工序编号</td><td colspan="2"></td></tr>
<tr><td colspan="2">分部工程名称</td><td colspan="2"></td><td>施工单位</td><td colspan="2"></td></tr>
<tr><td colspan="2">单元工程名称、部位</td><td colspan="2"></td><td>施工日期</td><td colspan="2">年 月 日至 年 月 日</td></tr>
<tr><td colspan="2">项次</td><td>检验项目</td><td>质量要求</td><td>检查记录</td><td>合格数</td><td>合格率</td></tr>
<tr><td rowspan="4">主控项目</td><td>1</td><td>电缆编号</td><td>观测端应有 3 个编号；仪器端应有 1 个编号；每隔适当距离应有 1 个编号；编号材料应能防水、防污、防锈蚀</td><td></td><td></td><td></td></tr>
<tr><td>2</td><td>电缆接头连接质量</td><td>符合规范的要求；1.0 MPa 压力水中接头绝缘电阻大于 50 MΩ</td><td></td><td></td><td></td></tr>
<tr><td>3</td><td>水平敷设</td><td>符合规范和设计要求</td><td></td><td></td><td></td></tr>
<tr><td>4</td><td>垂直牵引</td><td>符合规范和设计要求</td><td></td><td></td><td></td></tr>
<tr><td rowspan="5">一般项目</td><td>1</td><td>敷设路线</td><td>符合规范和设计要求</td><td></td><td></td><td></td></tr>
<tr><td>2</td><td>跨缝处理</td><td>符合规范和设计要求</td><td></td><td></td><td></td></tr>
<tr><td>3</td><td>止水处理</td><td>符合规范和设计要求</td><td></td><td></td><td></td></tr>
<tr><td>4</td><td>电缆布设保护</td><td>电缆的走向按设计要求，做好电缆临时测站保护箱及在牵引过程中保护等工作</td><td></td><td></td><td></td></tr>
<tr><td>5</td><td>电缆连通性和绝缘性能检查</td><td>按规定时段对电缆连通性和仪器状态及绝缘情况进行检查并填写检查记录和说明；在回填或埋入混凝土前后，立即检查</td><td></td><td></td><td></td></tr>
<tr><td colspan="2">施工单位自评意见</td><td colspan="5">主控项目检验点全部合格，一般项目逐项检验点的合格率均不小于________%，且不合格检验点不集中分布；各项报验资料________SL 632—2012 的要求。

工序质量等级评定为：________________。

（签字，加盖公章） 年 月 日</td></tr>
<tr><td colspan="2">监理单位复核意见</td><td colspan="5">经复核，主控项目检验点全部合格，一般项目逐项检验点的合格率均不小于________%，且不合格检验点不集中分布；各项报验资料________SL 632—2012 的要求。

工序质量等级评定为：________________。

（签字，加盖公章） 年 月 日</td></tr>
</table>

________工程

表 3402 观测孔(井)单元工程施工质量验收评定表

<table>
<tr><td colspan="2">单位工程名称</td><td></td><td>单元工程量</td><td></td></tr>
<tr><td colspan="2">分部工程名称</td><td></td><td>施工单位</td><td></td></tr>
<tr><td colspan="2">单元工程名称、部位</td><td></td><td>施工日期</td><td>年 月 日至 年 月 日</td></tr>
<tr><td>项次</td><td>工序名称(或编号)</td><td colspan="3">工序质量验收评定等级</td></tr>
<tr><td>1</td><td>观测孔(井)造孔</td><td colspan="3"></td></tr>
<tr><td>2</td><td>测压管制作与安装</td><td colspan="3"></td></tr>
<tr><td>3</td><td>△观测孔(井)率定</td><td colspan="3"></td></tr>
<tr><td>施工单位自评意见</td><td colspan="4">各工序施工质量全部合格,其中优良工序占____%,且主要工序达到____等级,各项报验资料____SL 632—2012 的要求。

单元工程质量等级评定为:________。

(签字,加盖公章) 年 月 日</td></tr>
<tr><td>监理单位复核意见</td><td colspan="4">经抽查并查验相关检验报告和检验资料,各工序施工质量全部合格,其中优良工序占____%,且主要工序达到____等级,各项报验资料____SL 632—2012 的要求。

单元工程质量等级评定为:________。

(签字,加盖公章) 年 月 日</td></tr>
</table>

注:本表所填“单元工程量”不作为施工单位工程量结算计量的依据。

________________工程

表 3402.1　观测孔(井)造孔工序施工质量验收评定表

<table>
<tr><td colspan="2">单位工程名称</td><td colspan="2"></td><td>工序编号</td><td colspan="2"></td></tr>
<tr><td colspan="2">分部工程名称</td><td colspan="2"></td><td>施工单位</td><td colspan="2"></td></tr>
<tr><td colspan="2">单元工程名称、部位</td><td colspan="2"></td><td>施工日期</td><td colspan="2">年　月　日至　　年　月　日</td></tr>
<tr><td colspan="2">项次</td><td>检验项目</td><td>质量要求</td><td>检查记录</td><td>合格数</td><td>合格率</td></tr>
<tr><td rowspan="3">主控项目</td><td>1</td><td>造孔工艺</td><td>符合设计要求</td><td></td><td></td><td></td></tr>
<tr><td>2</td><td>孔(井)尺寸</td><td>孔位允许偏差±10 cm;孔深允许偏差0~20 cm;钻孔倾斜度小于1%;孔径(有效孔径)允许偏差0~2 cm</td><td></td><td></td><td></td></tr>
<tr><td>3</td><td>洗孔</td><td>孔口回水清洁,肉眼观察无岩粉出现,洗孔时间不应小于15 min;孔底沉积厚度小于200 mm</td><td></td><td></td><td></td></tr>
<tr><td rowspan="3">一般项目</td><td>1</td><td>造孔时间</td><td>在设计规定的时间段内</td><td></td><td></td><td></td></tr>
<tr><td>2</td><td>钻孔柱状图绘制</td><td>造孔过程中连续取样,对地层结构进行描绘,记录初见水位、终孔水位等</td><td></td><td></td><td></td></tr>
<tr><td>3</td><td>施工记录</td><td>内容齐全,满足设计要求</td><td></td><td></td><td></td></tr>
<tr><td colspan="2">施工单位自评意见</td><td colspan="5">主控项目检验点全部合格,一般项目逐项检验点的合格率均不小于________%,且不合格检验点不集中分布;各项报验资料________SL 632—2012 的要求。

工序质量等级评定为:________________。

(签字,加盖公章)　　　年　月　日</td></tr>
<tr><td colspan="2">监理单位复核意见</td><td colspan="5">经复核,主控项目检验点全部合格,一般项目逐项检验点的合格率均不小于________%,且不合格检验点不集中分布;各项报验资料________SL 632—2012 的要求。

工序质量等级评定为:________________。

(签字,加盖公章)　　　年　月　日</td></tr>
</table>

______________工程

表 3402.2　测压管制作与安装工序施工质量验收评定表

单位工程名称			工序编号		
分部工程名称			施工单位		
单元工程名称、部位			施工日期	年　月　日至　年　月　日	

项次		检验项目	质量要求	检查记录	合格数	合格率
主控项目	1	材质规格	材质规格符合设计要求;顺直而无凹弯现象,无压伤和裂纹,管内清洁、未受腐蚀			
	2	滤管加工	透水段开孔孔径、位置满足设计要求,开孔周围无毛刺,用手触摸时不感到刺手,外包裹层结构及其加工工艺符合设计要求;管段两端外丝扣、外箍接头、管底焊接封闭满足设计要求			
	3	测压管安装	安装埋设后,及时测量管底高程、孔口高程、初见水位等;孔位允许偏差±10 cm;孔深允许偏差±10 cm;倾斜度小于1%			
一般项目	1	滤料填筑	下管前孔(井)底滤料、下管后管外滤料规格,填入高度及其填入工艺满足设计要求;测压管埋设过程中,套管应随回填反滤料而逐段拔出			
	2	封孔	封孔材料,黏土球粒径、潮解后的渗透系数、填入高度及其填入工艺满足设计要求			
	3	孔口保护	孔口保护设施、结构型式及尺寸满足设计要求			
	4	施工记录	内容齐全,满足设计要求			
施工单位自评意见		主控项目检验点全部合格,一般项目逐项检验点的合格率均不小于______%,且不合格检验点不集中分布;各项报验资料______SL 632—2012 的要求。 工序质量等级评定为:____________。 (签字,加盖公章)　　年　月　日				
监理单位复核意见		经复核,主控项目检验点全部合格,一般项目逐项检验点的合格率均不小于______%,且不合格检验点不集中分布;各项报验资料______SL 632—2012 的要求。 工序质量等级评定为:____________。 (签字,加盖公章)　　年　月　日				

__________________工程

表 3402.3　观测孔(井)率定工序施工质量验收评定表

<table>
<tr><td colspan="3">单位工程名称</td><td colspan="2"></td><td>工序编号</td><td colspan="3"></td></tr>
<tr><td colspan="3">分部工程名称</td><td colspan="2"></td><td>施工单位</td><td colspan="3"></td></tr>
<tr><td colspan="3">单元工程名称、部位</td><td colspan="2"></td><td>施工日期</td><td colspan="3">年　月　日至　　年　月　日</td></tr>
<tr><td colspan="2">项次</td><td>检验项目</td><td colspan="2">质量要求</td><td colspan="2">检查记录</td><td>合格数</td><td>合格率</td></tr>
<tr><td rowspan="3">主控项目</td><td>1</td><td>率定方法</td><td colspan="2">符合设计要求</td><td colspan="2"></td><td></td><td></td></tr>
<tr><td>2</td><td>注水量</td><td colspan="2">满足设计要求</td><td colspan="2"></td><td></td><td></td></tr>
<tr><td>3</td><td>水位降值</td><td colspan="2">在规定的时间内,符合设计要求</td><td colspan="2"></td><td></td><td></td></tr>
<tr><td rowspan="4">一般项目</td><td>1</td><td>管内水位</td><td colspan="2">试验前、后分别测量管内水位,允许偏差±2 cm</td><td colspan="2"></td><td></td><td></td></tr>
<tr><td>2</td><td>观测孔(井)考证</td><td colspan="2">按设计要求的格式填制考证表</td><td colspan="2"></td><td></td><td></td></tr>
<tr><td>3</td><td>施工期观测</td><td colspan="2">观测频次、成果记录、成果分析符合设计要求</td><td colspan="2"></td><td></td><td></td></tr>
<tr><td>4</td><td>施工记录</td><td colspan="2">内容齐全,满足设计要求</td><td colspan="2"></td><td></td><td></td></tr>
<tr><td colspan="2">施工单位自评意见</td><td colspan="7">主控项目检验点全部合格,一般项目逐项检验点的合格率均不小于________%,且不合格检验点不集中分布;各项报验资料________SL 632—2012 的要求。
工序质量等级评定为:______________。
(签字,加盖公章)　　　　年　月　日</td></tr>
<tr><td colspan="2">监理单位复核意见</td><td colspan="7">经复核,主控项目检验点全部合格,一般项目逐项检验点的合格率均不小于________%,且不合格检验点不集中分布;各项报验资料________SL 632—2012 的要求。
工序质量等级评定为:______________。
(签字,加盖公章)　　　　年　月　日</td></tr>
</table>

______________工程

表 3403　外部变形观测设施垂线安装单元工程施工质量验收评定表

单位工程名称		单元工程量	
分部工程名称		施工单位	
单元工程名称、部位		施工日期	年　月　日至　　年　月　日

项次			检验项目	质量要求	检查结果	合格数	合格率
正垂线安装	主控项目	1	垂线材质、规格、温度膨胀系数	符合设计要求；安装位置稳定，且调换方便			
		2	支点、固定夹线和活动夹线装置安装位置	符合设计要求			
		3	重锤及其阻尼箱规格	符合设计要求			
	一般项目	1	预留孔或预埋件位置	符合设计要求			
		2	防风管	安装牢固，中心位置和测线一致			
倒垂线安装	主控项目	1	倒垂线钻孔	孔位允许偏差±10 cm；孔深允许偏差 0~20 cm；钻孔倾斜度小于 0.1%；孔径(有效孔径)允许偏差 0~2 cm			
		2	垂线材质、规格	符合设计要求			
		3	锚块	锚块高出水泥浆面约 10 cm；埋设位置使垂线处于保护管有效孔径中心，允许偏差±5 mm			
		4	浮体组安装	浮子水平，连接杆垂直并在油桶中心，处于自由状态			
	一般项目	1	防风管和防风管中心位置	和测线一致，保证测线在管中有足够的位移范围			
		2	观测墩	与坝体牢固结合，基座面水平，其允许偏差不大于 4′			
		3	孔口保护装置	符合设计要求			
		4	钻孔柱状图绘制	造孔过程中应连续取样，并对地层结构进行描述，并记录初见水位、终孔水位			
施工单位自评意见	主控项目检验点全部合格，一般项目逐项检验点的合格率均不小于______%，且不合格检验点不集中分布；各项报验资料______SL 632—2012 的要求。 单元工程质量等级评定为：____________。 （签字，加盖公章）　　年　月　日						
监理单位复核意见	经抽查并查验相关检验报告和检验资料，主控项目检验点全部合格，一般项目逐项检验点的合格率均不小于______%，且不合格检验点不集中分布；各项报验资料______SL 632—2012 的要求。 单元工程质量等级评定为：____________。 （签字，加盖公章）　　年　月　日						

注：本表所填“单元工程量”不作为施工单位工程量结算计量的依据。

______________工程

表 3404 外部变形观测设施引张线安装单元工程施工质量验收评定表

<table>
<tr><td colspan="2">单位工程名称</td><td colspan="2"></td><td colspan="2">单元工程量</td><td></td></tr>
<tr><td colspan="2">分部工程名称</td><td colspan="2"></td><td colspan="2">施工单位</td><td></td></tr>
<tr><td colspan="2">单元工程名称、部位</td><td colspan="2"></td><td colspan="2">施工日期</td><td>年 月 日至 年 月 日</td></tr>
<tr><td colspan="2">项次</td><td>检验项目</td><td>质量要求</td><td>检查结果</td><td>合格数</td><td>合格率</td></tr>
<tr><td rowspan="2">主控项目</td><td>1</td><td>端点滑轮、线垂连接器、重锤、定位卡</td><td>符合设计要求;误差值不大于设计规定</td><td></td><td></td><td></td></tr>
<tr><td>2</td><td>测点水箱、浮船(盒)、读数设备</td><td>符合设计要求;误差值不大于设计规定</td><td></td><td></td><td></td></tr>
<tr><td rowspan="4">一般项目</td><td>1</td><td>端点混凝土墩座、</td><td>符合设计要求</td><td></td><td></td><td></td></tr>
<tr><td>2</td><td>测点位置、保护箱</td><td>符合设计要求</td><td></td><td></td><td></td></tr>
<tr><td>3</td><td>测线</td><td>规格符合设计要求,安装平顺</td><td></td><td></td><td></td></tr>
<tr><td>4</td><td>保护管</td><td>支架安装牢固,规格符合设计要求,测线位于保护管中心</td><td></td><td></td><td></td></tr>
<tr><td colspan="2">施工单位自评意见</td><td colspan="5">主控项目检验点全部合格,一般项目逐项检验点的合格率均不小于________%,且不合格检验点不集中分布;各项报验资料________SL 632—2012 的要求。
单元工程质量等级评定为:______________。
(签字,加盖公章) 年 月 日</td></tr>
<tr><td colspan="2">监理单位复核意见</td><td colspan="5">经抽查并查验相关检验报告和检验资料,主控项目检验点全部合格,一般项目逐项检验点的合格率均不小于________%,且不合格检验点不集中分布;各项报验资料________SL 632—2012 的要求。
单元工程质量等级评定为:______________。
(签字,加盖公章) 年 月 日</td></tr>
</table>

注:本表所填"单元工程量"不作为施工单位工程量结算计量的依据。

______________工程

表 3405　外部变形观测设施视准线安装单元工程施工质量验收评定表

<table>
<tr><td colspan="2">单位工程名称</td><td></td><td>单元工程量</td><td colspan="3"></td></tr>
<tr><td colspan="2">分部工程名称</td><td></td><td>施工单位</td><td colspan="3"></td></tr>
<tr><td colspan="2">单元工程名称、部位</td><td></td><td>施工日期</td><td colspan="3">年　月　日至　年　月　日</td></tr>
<tr><td colspan="2">项次</td><td>检验项目</td><td>质量要求</td><td>检查结果</td><td>合格数</td><td>合格率</td></tr>
<tr><td rowspan="2">主控项目</td><td>1</td><td>观测墩顶部强制对中底盘</td><td>尺寸允许偏差 0.2 mm；水平倾斜度允许偏差不大于 4′</td><td></td><td></td><td></td></tr>
<tr><td>2</td><td>同段测点底盘中心</td><td>在两端点底盘中心的连线上，允许偏差 20 mm</td><td></td><td></td><td></td></tr>
<tr><td rowspan="2">一般项目</td><td>1</td><td>视准线旁离障碍物</td><td>大于 1 m</td><td></td><td></td><td></td></tr>
<tr><td>2</td><td>观测墩</td><td>埋设位置、外形尺寸以及钢筋混凝土标号等满足设计要求；观测墩在新鲜的岩石或稳定土层内</td><td></td><td></td><td></td></tr>
<tr><td colspan="2">施工单位自评意见</td><td colspan="5">主控项目检验点全部合格，一般项目逐项检验点的合格率均不小于_______%，且不合格检验点不集中分布；各项报验资料_______SL 632—2012 的要求。
单元工程质量等级评定为：_______________。
（签字，加盖公章）　　年　月　日</td></tr>
<tr><td colspan="2">监理单位复核意见</td><td colspan="5">经抽查并查验相关检验报告和检验资料，主控项目检验点全部合格，一般项目逐项检验点的合格率均不小于_______%，且不合格检验点不集中分布；各项报验资料_______SL 632—2012 的要求。
单元工程质量等级评定为：_______________。
（签字，加盖公章）　　年　月　日</td></tr>
</table>

注：本表所填“单元工程量”不作为施工单位工程量结算计量的依据。

______________工程

表 3406　外部变形观测设施激光准直安装单元工程施工质量验收评定表

<table>
<tr><td colspan="4">单位工程名称</td><td colspan="2"></td><td>单元工程量</td><td colspan="2"></td></tr>
<tr><td colspan="4">分部工程名称</td><td colspan="2"></td><td>施工单位</td><td colspan="2"></td></tr>
<tr><td colspan="4">单元工程名称、部位</td><td colspan="2"></td><td>施工日期</td><td colspan="2">年　月　日至　　年　月　日</td></tr>
<tr><td colspan="2">项次</td><td colspan="3">检验项目</td><td>质量要求</td><td>检查结果</td><td>合格数</td><td>合格率</td></tr>
<tr><td rowspan="8">真空激光准直安装</td><td rowspan="6">主控项目</td><td>1</td><td colspan="2">真空管道内壁清理</td><td>清洁，无锈皮、杂物和灰尘</td><td></td><td></td><td></td></tr>
<tr><td rowspan="2">2</td><td rowspan="2">测点箱与法兰管的焊接</td><td>焊接质量</td><td>焊接质量短管内外两面焊；长管道的焊接，在两端打出高 5 mm 的 30°坡口，采用两层焊</td><td></td><td></td><td></td></tr>
<tr><td>效果检查</td><td>无漏孔</td><td></td><td></td><td></td></tr>
<tr><td>3</td><td colspan="2">点光源的小孔光缆、激光探测仪和端点观测墩</td><td>结合牢固，两者位置稳定不变</td><td></td><td></td><td></td></tr>
<tr><td>4</td><td colspan="2">波带板与准直线</td><td>波带板中心在准直线上，偏离值小于 10 mm，距点光源最近的几个测点偏离值小于 3 mm，波带板的板面垂直于基准线</td><td></td><td></td><td></td></tr>
<tr><td>1</td><td colspan="2">观测墩的位置</td><td>便于测点固定</td><td></td><td></td><td></td></tr>
<tr><td rowspan="2">一般项目</td><td>2</td><td colspan="2">保护管的安装</td><td>符合设计要求</td><td></td><td></td><td></td></tr>
<tr><td colspan="7"></td></tr>
<tr><td rowspan="4">大气激光准直安装</td><td rowspan="2">主控项目</td><td>1</td><td colspan="2">点光源的小孔光缆、激光探测仪和端点观测墩</td><td>结合牢固，两者位置稳定不变</td><td></td><td></td><td></td></tr>
<tr><td>2</td><td colspan="2">波带板与准直线</td><td>波带板中心在准直线上，偏离值小于 10 mm，距点光源最近的几个测点偏离值小于 3 mm，波带板的板面垂直于基准线</td><td></td><td></td><td></td></tr>
<tr><td rowspan="2">一般项目</td><td>1</td><td colspan="2">测点观测墩的位置</td><td>便于测点固定</td><td></td><td></td><td></td></tr>
<tr><td>2</td><td colspan="2">保护管的安装</td><td>符合设计要求</td><td></td><td></td><td></td></tr>
<tr><td colspan="2">施工单位自评意见</td><td colspan="7">主控项目检验点全部合格，一般项目逐项检验点的合格率均不小于______%，且不合格检验点不集中分布；各项报验资料______SL 632—2012 的要求。
单元工程质量等级评定为：____________。
（签字，加盖公章）　　　年　月　日</td></tr>
<tr><td colspan="2">监理单位复核意见</td><td colspan="7">经抽查并查验相关检验报告和检验资料，主控项目检验点全部合格，一般项目逐项检验点的合格率均不小于______%，且不合格检验点不集中分布；各项报验资料______SL 632—2012 的要求。
单元工程质量等级评定为：____________。
（签字，加盖公章）　　　年　月　日</td></tr>
</table>

注：本表所填“单元工程量”不作为施工单位工程量结算计量的依据。

第5章　原材料、中间产品质量检测

________________工程

表 3501　混凝土单元工程原材料检验备查表

单位工程名称			单元工程量		
分部工程名称			施工单位		
单元工程名称、部位			施工日期	年　月　日至　年　月　日	
项次	原材料质量检验情况				
	材料名称	生产厂家	产品批号	检验日期	检验结论
1	水泥				
2	钢筋				
3	掺合料				
4	外加剂				
5	止水片(带)				
⋮					

试验负责人：　　　　　　　　质量负责人：　　　　　　　　监理工程师：

______________工程

表 3502　混凝土单元工程骨料检验备查表

单位工程名称		单元工程量	
分部工程名称		施工单位	
单元工程名称、部位		施工日期	年　月　日至　年　月　日

项次	原材料质量检验情况			
	检验项目	检验情况		检验结论
		检验时间	检验数据	
细骨料				
1	含泥量			
2	细度模数			
3	人工砂石粉含量			
⋮				
粗骨料				
1	含泥量			
2	超径			
3	逊径			
⋮				

试验负责人：　　　　　　　　质量负责人：　　　　　　　　监理工程师：

______________工程

表 3503　混凝土拌和物性能检验备查表

单位工程名称			单元工程量	
分部工程名称			施工单位	
单元工程名称、部位			施工日期	年　月　日至　年　月　日
项次	检验项目	检验情况		检验结论
		检验时间	检验数据	
1	试验混凝土配合比			
2	施工混凝土配合比			
3	最小拌和时间			
4	称量			
5	砂子、小石饱和面干含水率			
6	坍落度(VC)值			
7	含气量			
8	出机口温度			
⋮				

试验负责人：　　　　　　　　质量负责人：　　　　　　　　监理工程师：

________________工程

表 3504　硬化混凝土性能检验备查表

单位工程名称		单元工程量	
分部工程名称		施工单位	
单元工程名称、部位		施工日期	年　月　日至　　年　月　日

项次	原材料质量检验情况			
	检验项目	检验情况		检验结论
		检验时间	检验数据	
1	抗压强度			
2	抗渗强度			
3	抗冻等级			
4	抗拉强度			
5	极限拉伸值			
⋮				

试验负责人：　　　　　　　　质量负责人：　　　　　　　　监理工程师：

第 4 部分
地基处理与基础工程验收表

第 1 章　灌浆工程

表 4101　岩石地基帷幕灌浆单孔及单元工程施工质量验收评定表

表 4102　岩石地基固结灌浆单孔及单元工程施工质量验收评定表

表 4103　覆盖层循环钻灌法地基灌浆单孔及单元工程施工质量验收评定表

表 4104　覆盖层预埋花管法地基灌浆单孔及单元工程施工质量验收评定表

表 4105　隧洞回填灌浆单孔及单元工程施工质量验收评定表

表 4106　钢衬接触灌浆单孔及灌浆单元工程施工质量验收评定表

表 4107　劈裂灌浆单孔及单元工程施工质量验收评定表

______________工程

表 4101　岩石地基帷幕灌浆单孔及单元工程施工质量验收评定表

<table>
<tr><td colspan="3">单位工程名称</td><td colspan="4"></td><td colspan="2">单元工程量</td><td colspan="4"></td></tr>
<tr><td colspan="3">分部工程名称</td><td colspan="4"></td><td colspan="2">施工单位</td><td colspan="4"></td></tr>
<tr><td colspan="3">单元工程名称、部位</td><td colspan="4"></td><td colspan="2">施工日期</td><td colspan="4">年　月　日至　　年　月　日</td></tr>
<tr><td rowspan="2">孔号</td><td colspan="2">孔数序号</td><td>1</td><td>2</td><td>3</td><td>4</td><td>5</td><td>6</td><td>7</td><td>8</td><td>9</td><td>10</td></tr>
<tr><td colspan="2">钻孔编号</td><td></td><td></td><td></td><td></td><td></td><td></td><td></td><td></td><td></td><td></td></tr>
<tr><td rowspan="2">工序质量评定结果</td><td>1</td><td>钻孔(包括冲洗和压水试验)</td><td></td><td></td><td></td><td></td><td></td><td></td><td></td><td></td><td></td><td></td></tr>
<tr><td>2</td><td>△灌浆(包括封孔)</td><td></td><td></td><td></td><td></td><td></td><td></td><td></td><td></td><td></td><td></td></tr>
<tr><td rowspan="2">单孔质量验收评定</td><td colspan="2">施工单位自评意见</td><td></td><td></td><td></td><td></td><td></td><td></td><td></td><td></td><td></td><td></td></tr>
<tr><td colspan="2">监理单位评定意见</td><td></td><td></td><td></td><td></td><td></td><td></td><td></td><td></td><td></td><td></td></tr>
<tr><td colspan="13">本单元工程内共有______孔,其中优良______孔,优良率______%。</td></tr>
<tr><td colspan="2" rowspan="3">单元工程效果(或实体质量)检查</td><td>1</td><td colspan="10"></td></tr>
<tr><td>2</td><td colspan="10"></td></tr>
<tr><td>⋮</td><td colspan="10"></td></tr>
<tr><td>施工单位自评意见</td><td colspan="12">单元工程效果(或实体质量)检查符合______要求,______孔 100%合格,其中优良孔占______%,各项报验资料______ SL 633—2012 的要求。
单元工程质量等级评定为:______。
(签字,加盖公章)　　年　月　日</td></tr>
<tr><td>监理单位复核意见</td><td colspan="12">经进行单元工程效果(或实体质量)检查符合______要求,______孔 100%合格,其中优良孔占______%,各项报验资料______ SL 633—2012 的要求。
单元工程质量等级评定为:______。
(签字,加盖公章)　　年　月　日</td></tr>
</table>

注:本表所填“单元工程量”不作为施工单位工程量结算计量的依据。

______________工程

表 4101.1　岩石地基帷幕灌浆单孔钻孔工序施工质量验收评定表

<table>
<tr><td colspan="2">单位工程名称</td><td colspan="2"></td><td>孔号及工序名称</td><td colspan="2"></td></tr>
<tr><td colspan="2">分部工程名称</td><td colspan="2"></td><td>施工单位</td><td colspan="2"></td></tr>
<tr><td colspan="2">单元工程名称、部位</td><td colspan="2"></td><td>施工日期</td><td colspan="2">年　月　日至　年　月　日</td></tr>
<tr><td colspan="2">项次</td><td>检验项目</td><td>质量要求</td><td>检查记录</td><td>合格数</td><td>合格率</td></tr>
<tr><td rowspan="4">主控项目</td><td>1</td><td>孔深</td><td>不小于设计孔深</td><td></td><td></td><td></td></tr>
<tr><td>2</td><td>孔底偏差</td><td>符合设计要求</td><td></td><td></td><td></td></tr>
<tr><td>3</td><td>孔序</td><td>符合设计要求</td><td></td><td></td><td></td></tr>
<tr><td>4</td><td>施工记录</td><td>齐全、准确、清晰</td><td></td><td></td><td></td></tr>
<tr><td rowspan="4">一般项目</td><td>1</td><td>孔位偏差</td><td>≤100 mm</td><td></td><td></td><td></td></tr>
<tr><td>2</td><td>终孔孔径</td><td>≥ϕ46 mm</td><td></td><td></td><td></td></tr>
<tr><td>3</td><td>冲洗</td><td>沉积厚度小于 200 mm</td><td></td><td></td><td></td></tr>
<tr><td>4</td><td>裂隙冲洗和压水试验</td><td>符合设计要求</td><td></td><td></td><td></td></tr>
<tr><td>施工单位自评意见</td><td colspan="6">主控项目检验点全部合格，一般项目逐项检验点的合格率均不小于_______%，且不合格检验点不集中分布，不合格点的质量有关规范或设计要求的限值。各项报验资料_______SL 633—2012 的要求。

工序质量等级评定为：______________。

（签字，加盖公章）　　年　月　日</td></tr>
<tr><td>监理单位复核意见</td><td colspan="6">经复核，主控项目检验点全部合格，一般项目逐项检验点的合格率均不小于_______%，且不合格检验点不集中分布，不合格点的质量有关规范或设计要求的限值。各项报验资料_______SL 633—2012 的要求。

工序质量等级评定为：______________。

（签字，加盖公章）　　年　月　日</td></tr>
</table>

________________工程

表 4101.2　岩石地基帷幕灌浆单孔灌浆工序施工质量验收评定表

<table>
<tr><td colspan="3">单位工程名称</td><td></td><td>孔号及工序名称</td><td colspan="2"></td></tr>
<tr><td colspan="3">分部工程名称</td><td></td><td>施工单位</td><td colspan="2"></td></tr>
<tr><td colspan="3">单元工程名称、部位</td><td></td><td>施工日期</td><td colspan="2">年　月　日至　　年　月　日</td></tr>
<tr><td colspan="2">项次</td><td>检验项目</td><td>质量要求</td><td>检查记录</td><td>合格数</td><td>合格率</td></tr>
<tr><td rowspan="4">主控项目</td><td>1</td><td>压力</td><td>符合设计要求</td><td></td><td></td><td></td></tr>
<tr><td>2</td><td>浆液及变换</td><td>符合设计要求</td><td></td><td></td><td></td></tr>
<tr><td>3</td><td>结束标准</td><td>符合设计要求</td><td></td><td></td><td></td></tr>
<tr><td>4</td><td>施工记录</td><td>齐全、准确、清晰</td><td></td><td></td><td></td></tr>
<tr><td rowspan="5">一般项目</td><td>1</td><td>灌浆段位置及段长</td><td>符合设计要求</td><td></td><td></td><td></td></tr>
<tr><td>2</td><td>灌浆管口距灌浆段底距离（仅用于循环式灌浆）</td><td>≤0.5 m</td><td></td><td></td><td></td></tr>
<tr><td>3</td><td>特殊情况处理</td><td>处理后不影响质量</td><td></td><td></td><td></td></tr>
<tr><td>4</td><td>抬动观测值</td><td>符合设计要求</td><td></td><td></td><td></td></tr>
<tr><td>5</td><td>封孔</td><td>符合设计要求</td><td></td><td></td><td></td></tr>
<tr><td colspan="2">施工单位自评意见</td><td colspan="5">主控项目检验点全部合格，一般项目逐项检验点的合格率均不小于________%，且不合格检验点不集中分布，不合格点的质量________有关规范或设计要求的限值。各项报验资料________SL 633—2012 的要求。

工序质量等级评定为：________________。

（签字，加盖公章）　　　年　月　日</td></tr>
<tr><td colspan="2">监理单位复核意见</td><td colspan="5">经复核，主控项目检验点全部合格，一般项目逐项检验点的合格率均不小于________%，且不合格检验点不集中分布，不合格点的质量________有关规范或设计要求的限值。各项报验资料________SL 633—2012 的要求。

工序质量等级评定为：________________。

（签字，加盖公章）　　　年　月　日</td></tr>
</table>

______________工程

表 4102　岩石地基固结灌浆单孔及单元工程施工质量验收评定表

<table>
<tr><td colspan="3">单位工程名称</td><td colspan="4"></td><td colspan="2">单元工程量</td><td colspan="4"></td></tr>
<tr><td colspan="3">分部工程名称</td><td colspan="4"></td><td colspan="2">施工单位</td><td colspan="4"></td></tr>
<tr><td colspan="3">单元工程名称、部位</td><td colspan="4"></td><td colspan="2">施工日期</td><td colspan="4">年　月　日至　　年　月　日</td></tr>
<tr><td rowspan="2">孔号</td><td colspan="2">孔数序号</td><td>1</td><td>2</td><td>3</td><td>4</td><td>5</td><td>6</td><td>7</td><td>8</td><td>9</td><td>10</td></tr>
<tr><td colspan="2">钻孔编号</td><td></td><td></td><td></td><td></td><td></td><td></td><td></td><td></td><td></td><td></td></tr>
<tr><td rowspan="2">工序评定结果</td><td>1</td><td>钻孔(包括冲洗)</td><td></td><td></td><td></td><td></td><td></td><td></td><td></td><td></td><td></td><td></td></tr>
<tr><td>2</td><td>△灌浆(包括封孔)</td><td></td><td></td><td></td><td></td><td></td><td></td><td></td><td></td><td></td><td></td></tr>
<tr><td rowspan="2">单孔质量验收评定</td><td colspan="2">施工单位自评意见</td><td></td><td></td><td></td><td></td><td></td><td></td><td></td><td></td><td></td><td></td></tr>
<tr><td colspan="2">监理单位评定意见</td><td></td><td></td><td></td><td></td><td></td><td></td><td></td><td></td><td></td><td></td></tr>
<tr><td colspan="13">本单元工程内共有______孔,其中优良______孔,优良率______%。</td></tr>
<tr><td colspan="2" rowspan="3">单元工程效果(或实体质量)检查</td><td>1</td><td colspan="10"></td></tr>
<tr><td>2</td><td colspan="10"></td></tr>
<tr><td>⋮</td><td colspan="10"></td></tr>
<tr><td>施工单位自评意见</td><td colspan="12">单元工程效果(或实体质量)检查符合______要求,______孔 100%合格,其中优良孔占______%,各项报验资料______ SL 633—2012 的要求。
单元工程质量等级评定为:____________。
(签字,加盖公章)　　　　年　月　日</td></tr>
<tr><td>监理单位复核意见</td><td colspan="12">经进行单元工程效果(或实体质量)检查符合______要求,______孔 100%合格,其中优良孔占______%,各项报验资料______ SL 633—2012 的要求。
单元工程质量等级评定为:____________。
(签字,加盖公章)　　　　年　月　日</td></tr>
</table>

注:本表所填“单元工程量”不作为施工单位工程量结算计量的依据。

________工程

表 4102.1 岩石地基固结灌浆单孔钻孔工序施工质量验收评定表

<table>
<tr><td colspan="3">单位工程名称</td><td></td><td>孔号及工序名称</td><td colspan="2"></td></tr>
<tr><td colspan="3">分部工程名称</td><td></td><td>施工单位</td><td colspan="2"></td></tr>
<tr><td colspan="3">单元工程名称、部位</td><td></td><td>施工日期</td><td colspan="2">年 月 日至 年 月 日</td></tr>
<tr><td colspan="2">项次</td><td>检验项目</td><td>质量要求</td><td>检查记录</td><td>合格数</td><td>合格率</td></tr>
<tr><td rowspan="3">主控项目</td><td>1</td><td>孔深</td><td>不小于设计孔深</td><td></td><td></td><td></td></tr>
<tr><td>2</td><td>孔序</td><td>符合设计要求</td><td></td><td></td><td></td></tr>
<tr><td>3</td><td>施工记录</td><td>齐全、准确、清晰</td><td></td><td></td><td></td></tr>
<tr><td rowspan="4">一般项目</td><td>1</td><td>终孔孔径</td><td>符合设计要求</td><td></td><td></td><td></td></tr>
<tr><td>2</td><td>孔位偏差</td><td>符合设计要求</td><td></td><td></td><td></td></tr>
<tr><td>3</td><td>钻孔冲洗</td><td>沉积厚度小于 200 mm</td><td></td><td></td><td></td></tr>
<tr><td>4</td><td>裂隙冲洗和压水试验</td><td>符合设计要求</td><td></td><td></td><td></td></tr>
<tr><td colspan="2">施工单位自评意见</td><td colspan="5">主控项目检验点全部合格，一般项目逐项检验点的合格率均不小于____%，且不合格检验点不集中分布，不合格点的质量____有关规范或设计要求的限值。各项报验资料____SL 633—2012 的要求。

工序质量等级评定为：________。

（签字，加盖公章） 年 月 日</td></tr>
<tr><td colspan="2">监理单位复核意见</td><td colspan="5">经复核，主控项目检验点全部合格，一般项目逐项检验点的合格率均不小于____%，且不合格检验点不集中分布，不合格点的质量____有关规范或设计要求的限值。各项报验资料____SL 633—2012 的要求。

工序质量等级评定为：________。

（签字，加盖公章） 年 月 日</td></tr>
</table>

______________工程

表 4102.2　岩石地基固结灌浆单孔灌浆工序施工质量验收评定表

单位工程名称			孔号及工序名称		
分部工程名称			施工单位		
单元工程名称、部位			施工日期	年　月　日至　　年　月　日	
项次	检验项目	质量要求	检查记录	合格数	合格率
主控项目 1	压力	符合设计要求			
主控项目 2	浆液及变换	符合设计要求			
主控项目 3	结束标准	符合设计要求			
主控项目 4	抬动观测值	符合设计要求			
主控项目 5	施工记录	齐全、准确、清晰			
一般项目 1	特殊情况处理	处理后符合设计要求			
一般项目 2	封孔	符合设计要求			
施工单位自评意见	主控项目检验点全部合格，一般项目逐项检验点的合格率均不小于______%，且不合格检验点不集中分布，不合格点的质量______有关规范或设计要求的限值。各项报验资料______SL 633—2012 的要求。 工序质量等级评定为：__________。 （签字，加盖公章）　　年　月　日				
监理单位复核意见	经复核，主控项目检验点全部合格，一般项目逐项检验点的合格率均不小于______%，且不合格检验点不集中分布，不合格点的质量______有关规范或设计要求的限值。各项报验资料______SL 633—2012 的要求。 工序质量等级评定为：__________。 （签字，加盖公章）　　年　月　日				

注：本质量标准适用于全孔一次灌浆，分段灌浆可按表 4101.2 执行。

______________工程

表 4103　覆盖层循环钻灌法地基灌浆单孔及单元工程施工质量验收评定表

单位工程名称						单元工程量					
分部工程名称						施工单位					
单元工程名称、部位						施工日期	年　月　日至　年　月　日				
孔号	孔数序号	1	2	3	4	5	6	7	8	9	10
	钻孔编号										
工序评定结果	1　钻孔(包括冲洗)										
	2　△灌浆(包括灌浆准备、封孔)										
单孔质量验收评定	施工单位自评意见										
	监理单位评定意见										
本单元工程内共有______孔,其中优良______孔,优良率______%。											
单元工程效果(或实体质量)检查	1										
	2										
	⋮										
施工单位自评意见	单元工程效果(或实体质量)检查符合______要求,______孔 100%合格,其中优良孔占______%,各项报验资料______ SL 633—2012 的要求。 单元工程质量等级评定为:____________。 (签字,加盖公章)　　年　月　日										
监理单位复核意见	经进行单元工程效果(或实体质量)检查符合______要求,______孔 100%合格,其中优良孔占______%,各项报验资料______ SL 633—2012 的要求。 单元工程质量等级评定为:____________。 (签字,加盖公章)　　年　月　日										

注:本表所填“单元工程量”不作为施工单位工程量结算计量的依据。

______________工程

表 4103.1 覆盖层循环钻灌法地基灌浆单孔钻孔工序施工质量验收评定表

<table>
<tr><td colspan="2">单位工程名称</td><td colspan="2"></td><td colspan="2">孔号及工序名称</td><td></td></tr>
<tr><td colspan="2">分部工程名称</td><td colspan="2"></td><td colspan="2">施工单位</td><td></td></tr>
<tr><td colspan="2">单元工程名称、部位</td><td colspan="2"></td><td colspan="2">施工日期</td><td>年 月 日至 年 月 日</td></tr>
<tr><td colspan="2">项次</td><td>检验项目</td><td>质量要求</td><td>检查记录</td><td>合格数</td><td>合格率</td></tr>
<tr><td rowspan="4">主控项目</td><td>1</td><td>孔序</td><td>符合设计要求</td><td></td><td></td><td></td></tr>
<tr><td>2</td><td>孔底偏差</td><td>符合设计要求</td><td></td><td></td><td></td></tr>
<tr><td>3</td><td>孔深</td><td>不小于设计孔深</td><td></td><td></td><td></td></tr>
<tr><td>4</td><td>施工记录</td><td>齐全、准确、清晰</td><td></td><td></td><td></td></tr>
<tr><td rowspan="3">一般项目</td><td>1</td><td>孔位偏差</td><td>≤100 mm</td><td></td><td></td><td></td></tr>
<tr><td>2</td><td>终孔孔径</td><td>符合设计要求</td><td></td><td></td><td></td></tr>
<tr><td>3</td><td>护壁泥浆密度、黏度、含砂量、失水量</td><td>符合设计要求</td><td></td><td></td><td></td></tr>
<tr><td colspan="2">施工单位自评意见</td><td colspan="5">主控项目检验点全部合格，一般项目逐项检验点的合格率均不小于______%，且不合格检验点不集中分布，不合格点的质量______有关规范或设计要求的限值。各项报验资料______SL 633—2012 的要求。

工序质量等级评定为：____________。

（签字，加盖公章） 年 月 日</td></tr>
<tr><td colspan="2">监理单位复核意见</td><td colspan="5">经复核，主控项目检验点全部合格，一般项目逐项检验点的合格率均不小于______%，且不合格检验点不集中分布，不合格点的质量______有关规范或设计要求的限值。各项报验资料______SL 633—2012 的要求。

工序质量等级评定为：____________。

（签字，加盖公章） 年 月 日</td></tr>
</table>

________________工程

表 4103.2　覆盖层循环钻灌法地基灌浆单孔灌浆工序施工质量验收评定表

<table>
<tr><td colspan="2">单位工程名称</td><td colspan="2"></td><td>孔号及工序名称</td><td colspan="2"></td></tr>
<tr><td colspan="2">分部工程名称</td><td colspan="2"></td><td>施工单位</td><td colspan="2"></td></tr>
<tr><td colspan="2">单元工程名称、部位</td><td colspan="2"></td><td>施工日期</td><td colspan="2">年　月　日至　　年　月　日</td></tr>
<tr><td colspan="2">项次</td><td>检验项目</td><td>质量要求</td><td>检查记录</td><td>合格数</td><td>合格率</td></tr>
<tr><td rowspan="3">主控项目</td><td>1</td><td>灌浆压力</td><td>符合设计要求</td><td></td><td></td><td></td></tr>
<tr><td>2</td><td>灌浆结束标准</td><td>符合设计要求</td><td></td><td></td><td></td></tr>
<tr><td>3</td><td>施工记录</td><td>齐全、准确、清晰</td><td></td><td></td><td></td></tr>
<tr><td rowspan="5">一般项目</td><td>1</td><td>灌浆段位置及段长</td><td>符合设计要求</td><td></td><td></td><td></td></tr>
<tr><td>2</td><td>灌浆管口距灌浆段底距离</td><td>符合设计要求</td><td></td><td></td><td></td></tr>
<tr><td>3</td><td>灌浆浆液及变换</td><td>符合设计要求</td><td></td><td></td><td></td></tr>
<tr><td>4</td><td>灌浆特殊情况处理</td><td>处理后符合设计要求</td><td></td><td></td><td></td></tr>
<tr><td>5</td><td>灌浆封孔</td><td>符合设计要求</td><td></td><td></td><td></td></tr>
<tr><td>施工单位自评意见</td><td colspan="6">主控项目检验点全部合格，一般项目逐项检验点的合格率均不小于________%，且不合格检验点不集中分布，不合格点的质量________有关规范或设计要求的限值。各项报验资料________SL 633—2012 的要求。

工序质量等级评定为：________________。

（签字，加盖公章）　　　年　月　日</td></tr>
<tr><td>监理单位复核意见</td><td colspan="6">经复核，主控项目检验点全部合格，一般项目逐项检验点的合格率均不小于________%，且不合格检验点不集中分布，不合格点的质量________有关规范或设计要求的限值。各项报验资料________SL 633—2012 的要求。

工序质量等级评定为：________________。

（签字，加盖公章）　　　年　月　日</td></tr>
</table>

____________工程

表 4104　覆盖层预埋花管法地基灌浆单孔及单元工程施工质量验收评定表

<table>
<tr><td colspan="3">单位工程名称</td><td colspan="4"></td><td colspan="2">单元工程量</td><td colspan="4"></td></tr>
<tr><td colspan="3">分部工程名称</td><td colspan="4"></td><td colspan="2">施工单位</td><td colspan="4"></td></tr>
<tr><td colspan="3">单元工程名称、部位</td><td colspan="4"></td><td colspan="2">施工日期</td><td colspan="4">年　月　日至　年　月　日</td></tr>
<tr><td rowspan="2">孔号</td><td colspan="2">孔数序号</td><td>1</td><td>2</td><td>3</td><td>4</td><td>5</td><td>6</td><td>7</td><td>8</td><td>9</td><td>10</td></tr>
<tr><td colspan="2">钻孔编号</td><td></td><td></td><td></td><td></td><td></td><td></td><td></td><td></td><td></td><td></td></tr>
<tr><td rowspan="3">工序评定结果</td><td>1</td><td>钻孔(包括清孔)</td><td></td><td></td><td></td><td></td><td></td><td></td><td></td><td></td><td></td><td></td></tr>
<tr><td>2</td><td>花管下设(包括花管加工、花管下设及填料)</td><td></td><td></td><td></td><td></td><td></td><td></td><td></td><td></td><td></td><td></td></tr>
<tr><td>3</td><td>△灌浆(包括注入填料、冲洗钻孔、封孔)</td><td></td><td></td><td></td><td></td><td></td><td></td><td></td><td></td><td></td><td></td></tr>
<tr><td rowspan="2">单孔质量验收评定</td><td colspan="2">施工单位自评意见</td><td></td><td></td><td></td><td></td><td></td><td></td><td></td><td></td><td></td><td></td></tr>
<tr><td colspan="2">监理单位评定意见</td><td></td><td></td><td></td><td></td><td></td><td></td><td></td><td></td><td></td><td></td></tr>
<tr><td colspan="13">本单元工程内共有______孔，其中优良______孔，优良率______%。</td></tr>
<tr><td colspan="2" rowspan="3">单元工程效果(或实体质量)检查</td><td>1</td><td colspan="10"></td></tr>
<tr><td>2</td><td colspan="10"></td></tr>
<tr><td>⋮</td><td colspan="10"></td></tr>
<tr><td>施工单位自评意见</td><td colspan="12">单元工程效果(或实体质量)检查符合______要求，______孔100%合格，其中优良孔占______%，各项报验资料______SL 633—2012的要求。
单元工程质量等级评定为：____________。
(签字，加盖公章)　　年　月　日</td></tr>
<tr><td>监理单位复核意见</td><td colspan="12">经进行单元工程效果(或实体质量)检查，符合______要求，______孔100%合格，其中优良孔占______%，各项报验资料______SL 633—2012的要求。
单元工程质量等级评定为：____________。
(签字，加盖公章)　　年　月　日</td></tr>
</table>

注：本表所填“单元工程量”不作为施工单位工程量结算计量的依据。

______________工程

表 4104.1　覆盖层预埋花管法地基灌浆单孔钻孔工序施工质量验收评定表

单位工程名称			孔号及工序名称		
分部工程名称			施工单位		
单元工程名称、部位			施工日期	年　月　日至　　年　月　日	
项次	检验项目	质量要求	检查记录	合格数	合格率
主控项目 1	孔序	符合设计要求			
主控项目 2	孔深	不小于设计孔深			
主控项目 3	孔底偏差	符合设计要求			
主控项目 4	施工记录	齐全、准确、清晰			
一般项目 1	孔位偏差	不大于孔排距的 3% ~5%			
一般项目 2	终孔孔径	≥110 mm			
一般项目 3	护壁泥浆密度	符合设计要求			
一般项目 4	洗孔	孔内泥浆黏度 20~22 s，沉积厚度小于 200 mm			
施工单位自评意见	主控项目检验点全部合格，一般项目逐项检验点的合格率均不小于______%，且不合格检验点不集中分布，不合格点的质量______有关规范或设计要求的限值。各项报验资料______SL 633—2012 的要求。 工序质量等级评定为：______________。 （签字，加盖公章）　　年　月　日				
监理单位复核意见	经复核，主控项目检验点全部合格，一般项目逐项检验点的合格率均不小于______%，且不合格检验点不集中分布，不合格点的质量______有关规范或设计要求的限值。各项报验资料______SL 633—2012 的要求。 工序质量等级评定为：______________。 （签字，加盖公章）　　年　月　日				

________工程

表 4104.2　覆盖层预埋花管法地基灌浆单孔花管下设工序施工质量验收评定表

<table>
<tr><td colspan="3">单位工程名称</td><td></td><td>孔号及工序名称</td><td colspan="2"></td></tr>
<tr><td colspan="3">分部工程名称</td><td></td><td>施工单位</td><td colspan="2"></td></tr>
<tr><td colspan="3">单元工程名称、部位</td><td></td><td>施工日期</td><td colspan="2">年　月　日至　年　月　日</td></tr>
<tr><td colspan="2">项次</td><td>检验项目</td><td>质量要求</td><td>检查记录</td><td>合格数</td><td>合格率</td></tr>
<tr><td rowspan="2">主控项目</td><td>1</td><td>花管下设</td><td>符合设计要求</td><td></td><td></td><td></td></tr>
<tr><td>2</td><td>施工记录</td><td>齐全、准确、清晰</td><td></td><td></td><td></td></tr>
<tr><td rowspan="2">一般项目</td><td>1</td><td>花管加工</td><td>符合设计要求</td><td></td><td></td><td></td></tr>
<tr><td>2</td><td>周边填料</td><td>符合设计要求</td><td></td><td></td><td></td></tr>
<tr><td colspan="2">施工单位自评意见</td><td colspan="5">主控项目检验点全部合格，一般项目逐项检验点的合格率均不小于________%，且不合格检验点不集中分布，不合格点的质量________有关规范或设计要求的限值。各项报验资料________SL 633—2012 的要求。
工序质量等级评定为：________________。
（签字，加盖公章）　　年　月　日</td></tr>
<tr><td colspan="2">监理单位复核意见</td><td colspan="5">经复核，主控项目检验点全部合格，一般项目逐项检验点的合格率均不小于________%，且不合格检验点不集中分布，不合格点的质量________有关规范或设计要求的限值。各项报验资料________SL 633—2012 的要求。
工序质量等级评定为：________________。
（签字，加盖公章）　　年　月　日</td></tr>
</table>

________工程

表 4104.3　覆盖层预埋花管法地基灌浆单孔灌浆工序施工质量验收评定表

单位工程名称			孔号及工序名称			
分部工程名称			施工单位			
单元工程名称、部位			施工日期	年　月　日至　年　月　日		
项次		检验项目	质量要求	检查记录	合格数	合格率
主控项目	1	开环	符合设计要求			
	2	灌浆压力				
	3	灌浆结束标准				
	4	施工记录	齐全、准确、清晰			
一般项目	1	灌浆塞位置及灌浆段长	符合设计要求			
	2	灌浆浆液及变换				
	3	灌浆特殊情况处理	处理后符合设计要求			
	4	灌浆封孔	符合设计要求			
施工单位自评意见	主控项目检验点全部合格，一般项目逐项检验点的合格率均不小于______%，且不合格检验点不集中分布，不合格点的质量______有关规范或设计要求的限值。各项报验资料______SL 633—2012 的要求。 工序质量等级评定为：______________。 （签字，加盖公章）　　年　月　日					
监理单位复核意见	经复核，主控项目检验点全部合格，一般项目逐项检验点的合格率均不小于______%，且不合格检验点不集中分布，不合格点的质量______有关规范或设计要求的限值。各项报验资料______SL 633—2012 的要求。 工序质量等级评定为：______________。 （签字，加盖公章）　　年　月　日					

________工程

表 4105 隧洞回填灌浆单孔及单元工程施工质量验收评定表

<table>
<tr><td colspan="3">单位工程名称</td><td colspan="5"></td><td colspan="2">单元工程量</td><td colspan="4"></td></tr>
<tr><td colspan="3">分部工程名称</td><td colspan="5"></td><td colspan="2">施工单位</td><td colspan="4"></td></tr>
<tr><td colspan="3">单元工程名称、部位</td><td colspan="5"></td><td colspan="2">施工日期</td><td colspan="4">年 月 日至 年 月 日</td></tr>
<tr><td rowspan="2">孔号</td><td colspan="2">孔数序号</td><td>1</td><td>2</td><td>3</td><td>4</td><td>5</td><td>6</td><td>7</td><td>8</td><td>9</td><td>10</td></tr>
<tr><td colspan="2">钻孔编号</td><td></td><td></td><td></td><td></td><td></td><td></td><td></td><td></td><td></td><td></td></tr>
<tr><td rowspan="2">工序评定结果</td><td>1</td><td>灌浆区(段)封堵与钻孔(或对预埋管进行扫孔)</td><td></td><td></td><td></td><td></td><td></td><td></td><td></td><td></td><td></td><td></td></tr>
<tr><td>2</td><td>△灌浆(包括封孔)</td><td></td><td></td><td></td><td></td><td></td><td></td><td></td><td></td><td></td><td></td></tr>
<tr><td rowspan="2">单孔质量验收评定</td><td colspan="2">施工单位自评意见</td><td></td><td></td><td></td><td></td><td></td><td></td><td></td><td></td><td></td><td></td></tr>
<tr><td colspan="2">监理单位评定意见</td><td></td><td></td><td></td><td></td><td></td><td></td><td></td><td></td><td></td><td></td></tr>
<tr><td colspan="13">本单元工程内共有_______孔,其中优良_______孔,优良率_______%。</td></tr>
<tr><td rowspan="3" colspan="2">单元工程效果(或实体质量)检查</td><td>1</td><td colspan="10"></td></tr>
<tr><td>2</td><td colspan="10"></td></tr>
<tr><td>⋮</td><td colspan="10"></td></tr>
<tr><td>施工单位自评意见</td><td colspan="12">单元工程效果(或实体质量)检查符合_______要求,_______孔100%合格,其中优良孔占_______%,各项报验资料_______ SL 633—2012的要求。
单元工程质量等级评定为:______________。
(签字,加盖公章) 年 月 日</td></tr>
<tr><td>监理单位复核意见</td><td colspan="12">经进行单元工程效果(或实体质量)检查,符合_______要求,_______孔100%合格,其中优良孔占_______%,各项报验资料_______ SL 633—2012的要求。
单元工程质量等级评定为:______________。
(签字,加盖公章) 年 月 日</td></tr>
</table>

注:本表所填"单元工程量"不作为施工单位工程量结算计量的依据。

______________工程

表 4105.1　隧洞回填灌浆单孔封堵与钻孔工序施工质量验收评定表

<table>
<tr><td colspan="2">单位工程名称</td><td colspan="2"></td><td>孔号及工序名称</td><td colspan="3"></td></tr>
<tr><td colspan="2">分部工程名称</td><td colspan="2"></td><td>施工单位</td><td colspan="3"></td></tr>
<tr><td colspan="2">单元工程名称、部位</td><td colspan="2"></td><td>施工日期</td><td colspan="3">年　月　日至　　年　月　日</td></tr>
<tr><td colspan="2">项次</td><td>检验项目</td><td>质量要求</td><td colspan="2">检查记录</td><td>合格数</td><td>合格率</td></tr>
<tr><td rowspan="3">主控项目</td><td>1</td><td>灌区封堵</td><td>密实不漏浆</td><td colspan="2"></td><td></td><td></td></tr>
<tr><td>2</td><td>钻孔或扫孔深度</td><td>进入基岩不小于 100 mm</td><td colspan="2"></td><td></td><td></td></tr>
<tr><td>3</td><td>孔序</td><td>符合设计要求</td><td colspan="2"></td><td></td><td></td></tr>
<tr><td rowspan="2">一般项目</td><td>1</td><td>孔径</td><td>符合设计要求</td><td colspan="2"></td><td></td><td></td></tr>
<tr><td>2</td><td>孔位偏差</td><td>≤100 mm</td><td colspan="2"></td><td></td><td></td></tr>
<tr><td>施工单位自评意见</td><td colspan="7">主控项目检验点全部合格，一般项目逐项检验点的合格率均不小于______%，且不合格检验点不集中分布，不合格点的质量______有关规范或设计要求的限值。各项报验资料______SL 633—2012 的要求。

工序质量等级评定为：____________。

（签字，加盖公章）　　　年　月　日</td></tr>
<tr><td>监理单位复核意见</td><td colspan="7">经复核，主控项目检验点全部合格，一般项目逐项检验点的合格率均不小于______%，且不合格检验点不集中分布，不合格点的质量______有关规范或设计要求的限值。各项报验资料______SL 633—2012 的要求。

工序质量等级评定为：____________。

（签字，加盖公章）　　　年　月　日</td></tr>
</table>

____________工程

表 4105.2 隧洞回填灌浆单孔灌浆工序施工质量验收评定表

单位工程名称		孔号及工序名称	
分部工程名称		施工单位	
单元工程名称、部位		施工日期	年 月 日至 年 月 日

项次		检验项目	质量要求	检查记录	合格数	合格率
主控项目	1	灌浆压力	符合设计要求			
	2	浆液水灰比	符合设计要求			
	3	结束标准	符合规范要求			
	4	施工记录	齐全、准确、清晰			
一般项目	1	特殊情况处理	处理后不影响质量			
	2	变形观测	符合设计要求			
	3	封孔	符合设计要求			
施工单位自评意见		主控项目检验点全部合格，一般项目逐项检验点的合格率均不小于____%，且不合格检验点不集中分布，不合格点的质量____有关规范或设计要求的限值。各项报验资料____SL 633—2012 的要求。 工序质量等级评定为：________。 （签字，加盖公章） 年 月 日				
监理单位复核意见		经复核，主控项目检验点全部合格，一般项目逐项检验点的合格率均不小于____%，且不合格检验点不集中分布，不合格点的质量____有关规范或设计要求的限值。各项报验资料____SL 633—2012 的要求。 工序质量等级评定为：________。 （签字，加盖公章） 年 月 日				

__________________工程

表 4106　钢衬接触灌浆单孔及单元工程施工质量验收评定表

<table>
<tr><td colspan="3">单位工程名称</td><td colspan="4"></td><td colspan="2">单元工程量</td><td colspan="4"></td></tr>
<tr><td colspan="3">分部工程名称</td><td colspan="4"></td><td colspan="2">施工单位</td><td colspan="4"></td></tr>
<tr><td colspan="3">单元工程名称、部位</td><td colspan="4"></td><td colspan="2">施工日期</td><td colspan="4">年　月　日至　　年　月　日</td></tr>
<tr><td rowspan="2">孔号</td><td colspan="2">孔数序号</td><td>1</td><td>2</td><td>3</td><td>4</td><td>5</td><td>6</td><td>7</td><td>8</td><td>9</td><td>10</td></tr>
<tr><td colspan="2">钻孔编号</td><td></td><td></td><td></td><td></td><td></td><td></td><td></td><td></td><td></td><td></td></tr>
<tr><td rowspan="2">工序评定结果</td><td>1</td><td>钻(扫)孔(包括清洗)</td><td></td><td></td><td></td><td></td><td></td><td></td><td></td><td></td><td></td><td></td></tr>
<tr><td>2</td><td>△灌浆</td><td></td><td></td><td></td><td></td><td></td><td></td><td></td><td></td><td></td><td></td></tr>
<tr><td rowspan="2">单孔质量验收评定</td><td colspan="2">施工单位自评意见</td><td></td><td></td><td></td><td></td><td></td><td></td><td></td><td></td><td></td><td></td></tr>
<tr><td colspan="2">监理单位评定意见</td><td></td><td></td><td></td><td></td><td></td><td></td><td></td><td></td><td></td><td></td></tr>
<tr><td colspan="13">本单元工程内共有________孔,其中优良________孔,优良率________%。</td></tr>
<tr><td colspan="2" rowspan="3">单元工程效果(或实体质量)检查</td><td>1</td><td colspan="10"></td></tr>
<tr><td>2</td><td colspan="10"></td></tr>
<tr><td>⋮</td><td colspan="10"></td></tr>
<tr><td>施工单位自评意见</td><td colspan="12">单元工程效果(或实体质量)检查符合________要求,________孔100%合格,其中优良孔占________%,各项报验资料________SL 633—2012的要求。
单元工程质量等级评定为:________________。
(签字,加盖公章)　　　　年　月　日</td></tr>
<tr><td>监理单位复核意见</td><td colspan="12">经进行单元工程效果(或实体质量)检查,符合________要求,________孔100%合格,其中优良孔占________%,各项报验资料________SL 633—2012的要求。
单元工程质量等级评定为:________________。
(签字,加盖公章)　　　　年　月　日</td></tr>
</table>

注:本表所填“单元工程量”不作为施工单位工程量结算计量的依据。

________工程

表 4106.1 钢衬接触灌浆单孔钻孔工序施工质量验收评定表

<table>
<tr><td colspan="3">单位工程名称</td><td colspan="2"></td><td>孔号及工序名称</td><td colspan="2"></td></tr>
<tr><td colspan="3">分部工程名称</td><td colspan="2"></td><td>施工单位</td><td colspan="2"></td></tr>
<tr><td colspan="3">单元工程名称、部位</td><td colspan="2"></td><td>施工日期</td><td colspan="2">年 月 日至 年 月 日</td></tr>
<tr><td colspan="2">项次</td><td>检验项目</td><td colspan="2">质量要求</td><td>检查记录</td><td>合格数</td><td>合格率</td></tr>
<tr><td rowspan="2">主控项目</td><td>1</td><td>孔深</td><td colspan="2">穿过钢衬进入脱空区</td><td></td><td></td><td></td></tr>
<tr><td>2</td><td>施工记录</td><td colspan="2">齐全、准确、清晰</td><td></td><td></td><td></td></tr>
<tr><td rowspan="2">一般项目</td><td>1</td><td>孔径</td><td colspan="2">≥12 mm</td><td></td><td></td><td></td></tr>
<tr><td>2</td><td>清洗</td><td colspan="2">使用清洁压缩空气检查缝隙串通情况,吹除空隙内的污物和积水</td><td></td><td></td><td></td></tr>
<tr><td colspan="2">施工单位自评意见</td><td colspan="6">主控项目检验点全部合格,一般项目逐项检验点的合格率均不小于____%,且不合格检验点不集中分布,不合格点的质量____有关规范或设计要求的限值。各项报验资料____SL 633—2012 的要求。
工序质量等级评定为:________。
(签字,加盖公章) 年 月 日</td></tr>
<tr><td colspan="2">监理单位复核意见</td><td colspan="6">经复核,主控项目检验点全部合格,一般项目逐项检验点的合格率均不小于____%,且不合格检验点不集中分布,不合格点的质量____有关规范或设计要求的限值。各项报验资料____SL 633—2012 的要求。
工序质量等级评定为:________。
(签字,加盖公章) 年 月 日</td></tr>
</table>

________________工程

表 4106.2　钢衬接触灌浆单孔灌浆工序施工质量验收评定表

<table>
<tr><td colspan="2">单位工程名称</td><td colspan="2"></td><td>孔号及工序名称</td><td colspan="3"></td></tr>
<tr><td colspan="2">分部工程名称</td><td colspan="2"></td><td>施工单位</td><td colspan="3"></td></tr>
<tr><td colspan="2">单元工程名称、部位</td><td colspan="2"></td><td>施工日期</td><td colspan="3">年　月　日至　年　月　日</td></tr>
<tr><td colspan="2">项次</td><td>检验项目</td><td colspan="2">质量要求</td><td>检查记录</td><td>合格数</td><td>合格率</td></tr>
<tr><td rowspan="4">主控项目</td><td>1</td><td>灌浆顺序</td><td colspan="2">自低处孔开始</td><td></td><td></td><td></td></tr>
<tr><td>2</td><td>钢衬变形</td><td colspan="2">符合设计要求</td><td></td><td></td><td></td></tr>
<tr><td>3</td><td>灌注和排出的浆液浓度</td><td colspan="2">符合设计要求</td><td></td><td></td><td></td></tr>
<tr><td>4</td><td>施工记录</td><td colspan="2">齐全、准确、清晰</td><td></td><td></td><td></td></tr>
<tr><td rowspan="3">一般项目</td><td>1</td><td>灌浆压力</td><td colspan="2">≤0.1 MPa,或符合设计要求</td><td></td><td></td><td></td></tr>
<tr><td>2</td><td>结束标准</td><td colspan="2">在设计灌浆压力下停止吸浆,并延续灌注 5 min</td><td></td><td></td><td></td></tr>
<tr><td>3</td><td>封孔</td><td colspan="2">丝堵加焊或焊补法,焊后磨平</td><td></td><td></td><td></td></tr>
<tr><td colspan="2">施工单位自评意见</td><td colspan="6">主控项目检验点全部合格,一般项目逐项检验点的合格率均不小于________%,且不合格检验点不集中分布,不合格点的质量________有关规范或设计要求的限值。各项报验资料________SL 633—2012 的要求。

工序质量等级评定为:________________。

(签字,加盖公章)　　　年　月　日</td></tr>
<tr><td colspan="2">监理单位复核意见</td><td colspan="6">经复核,主控项目检验点全部合格,一般项目逐项检验点的合格率均不小于________%,且不合格检验点不集中分布,不合格点的质量________有关规范或设计要求的限值。各项报验资料________SL 633—2012 的要求。

工序质量等级评定为:________________。

(签字,加盖公章)　　　年　月　日</td></tr>
</table>

______________工程

表 4107 劈裂灌浆单孔及单元工程施工质量验收评定表

<table>
<tr><td colspan="3">单位工程名称</td><td colspan="4"></td><td colspan="2">单元工程量</td><td colspan="4"></td></tr>
<tr><td colspan="3">分部工程名称</td><td colspan="4"></td><td colspan="2">施工单位</td><td colspan="4"></td></tr>
<tr><td colspan="3">单元工程名称、部位</td><td colspan="4"></td><td colspan="2">施工日期</td><td colspan="4">年 月 日至 年 月 日</td></tr>
<tr><td rowspan="2">孔号</td><td colspan="2">孔数序号</td><td>1</td><td>2</td><td>3</td><td>4</td><td>5</td><td>6</td><td>7</td><td>8</td><td>9</td><td>10</td></tr>
<tr><td colspan="2">钻孔编号</td><td></td><td></td><td></td><td></td><td></td><td></td><td></td><td></td><td></td><td></td></tr>
<tr><td rowspan="2">工序评定结果</td><td>1</td><td>钻孔</td><td></td><td></td><td></td><td></td><td></td><td></td><td></td><td></td><td></td><td></td></tr>
<tr><td>2</td><td>△灌浆（包括多次复灌、封孔）</td><td></td><td></td><td></td><td></td><td></td><td></td><td></td><td></td><td></td><td></td></tr>
<tr><td rowspan="2">单孔质量验收评定</td><td colspan="2">施工单位自评意见</td><td></td><td></td><td></td><td></td><td></td><td></td><td></td><td></td><td></td><td></td></tr>
<tr><td colspan="2">监理单位评定意见</td><td></td><td></td><td></td><td></td><td></td><td></td><td></td><td></td><td></td><td></td></tr>
<tr><td colspan="13">本单元工程内共有______孔，其中优良______孔，优良率______%。</td></tr>
<tr><td colspan="2" rowspan="3">单元工程效果（或实体质量）检查</td><td>1</td><td colspan="10"></td></tr>
<tr><td>2</td><td colspan="10"></td></tr>
<tr><td>⋮</td><td colspan="10"></td></tr>
<tr><td>施工单位自评意见</td><td colspan="12">单元工程效果（或实体质量）检查符合______要求，______孔 100%合格，其中优良孔占______%，各项报验资料______ SL 633—2012 的要求。
单元工程质量等级评定为：__________。
（签字，加盖公章） 年 月 日</td></tr>
<tr><td>监理单位复核意见</td><td colspan="12">经进行单元工程效果（或实体质量）检查，符合______要求，______孔 100%合格，其中优良孔占______%，各项报验资料______ SL 633—2012 的要求。
单元工程质量等级评定为：__________。
（签字，加盖公章） 年 月 日</td></tr>
</table>

注：本表所填“单元工程量”不作为施工单位工程量结算计量的依据。

________________工程

表 4107.1 劈裂灌浆单孔钻孔工序施工质量验收评定表

单位工程名称			孔号及工序名称		
分部工程名称			施工单位		
单元工程名称、部位			施工日期	年 月 日至 年 月 日	
项次	检验项目	质量要求	检查记录	合格数	合格率
主控项目 1	孔序	按先后排序和孔序施工			
主控项目 2	孔深	符合设计要求			
主控项目 3	施工记录	齐全、准确、清晰			
一般项目 1	孔位偏差	≤100 mm			
一般项目 2	孔底偏差	不大于孔深的 2%			
施工单位自评意见	主控项目检验点全部合格，一般项目逐项检验点的合格率均不小于________%，且不合格检验点不集中分布，不合格点的质量________有关规范或设计要求的限值。各项报验资料________SL 633—2012 的要求。 工序质量等级评定为：________________。 （签字，加盖公章） 年 月 日				
监理单位复核意见	经复核，主控项目检验点全部合格，一般项目逐项检验点的合格率均不小于________%，且不合格检验点不集中分布，不合格点的质量________有关规范或设计要求的限值。各项报验资料________SL 633—2012 的要求。 工序质量等级评定为：________________。 （签字，加盖公章） 年 月 日				

______________工程

表 4107.2　劈裂灌浆单孔灌浆工序施工质量验收评定表

单位工程名称			孔号及工序名称			
分部工程名称			施工单位			
单元工程名称、部位			施工日期	年　月　日至　年　月　日		
项次		检验项目	质量要求	检查记录	合格数	合格率
主控项目	1	灌浆压力	符合设计要求			
	2	浆液浓度	符合设计要求			
	3	灌浆量	符合设计要求			
	4	灌浆间隔时间	≥5 d			
	5	施工记录	齐全、准确、清晰			
一般项目	1	结束标准	符合设计要求			
	2	横向水平位移与裂缝开展宽度	允许量均小于 30 mm，且停灌后能基本复原			
	3	泥墙厚度	符合设计要求			
	4	泥墙干密度	1.4~1.6 g/cm^3			
	5	封孔	符合设计要求			
施工单位自评意见	主控项目检验点全部合格，一般项目逐项检验点的合格率均不小于______%，且不合格检验点不集中分布，不合格点的质量______有关规范或设计要求的限值。各项报验资料______SL 633—2012 的要求。 工序质量等级评定为：____________。 （签字，加盖公章）　　年　月　日					
监理单位复核意见	经复核，主控项目检验点全部合格，一般项目逐项检验点的合格率均不小于______%，且不合格检验点不集中分布，不合格点的质量______有关规范或设计要求的限值。各项报验资料______SL 633—2012 的要求。 工序质量等级评定为：____________。 （签字，加盖公章）　　年　月　日					

第 2 章　防渗墙工程

______________工程

表 4201　混凝土防渗墙单元工程施工质量验收评定表

<table>
<tr><td colspan="3">单位工程名称</td><td></td><td>孔号及工序名称</td><td></td></tr>
<tr><td colspan="3">分部工程名称</td><td></td><td>施工单位</td><td></td></tr>
<tr><td colspan="3">单元工程名称、部位</td><td></td><td>施工日期</td><td>年　月　日至　　年　月　日</td></tr>
<tr><td>项次</td><td colspan="2">工序名称</td><td colspan="3">工序质量验收评定等级</td></tr>
<tr><td>1</td><td colspan="2">造孔</td><td colspan="3"></td></tr>
<tr><td>2</td><td colspan="2">清孔(包括接头处理)</td><td colspan="3"></td></tr>
<tr><td>3</td><td colspan="2">△混凝土浇筑(包括钢筋笼、预埋件、观测仪器安装埋设)</td><td colspan="3"></td></tr>
<tr><td colspan="2" rowspan="3">单元工程效果(或实体质量)检查</td><td>1</td><td colspan="3"></td></tr>
<tr><td>2</td><td colspan="3"></td></tr>
<tr><td>⋮</td><td colspan="3"></td></tr>
<tr><td>施工单位自评意见</td><td colspan="5">单元工程效果(或实体质量)检查符合________要求,工序 100%合格,其中优良孔占______%,______工序达到优良,各项报验资料_______ SL 633—2012 的要求。

单元工程质量等级评定为:______________。

(签字,加盖公章)　　　年　月　日</td></tr>
<tr><td>监理单位复核意见</td><td colspan="5">经进行单元工程效果(或实体质量)检查符合_______ 要求,工序 100%合格,其中优良孔占______%,_______工序达到优良,各项报验资料_______ SL 633—2012 的要求。

单元工程质量等级评定为:______________。

(签字,加盖公章)　　　年　月　日</td></tr>
</table>

注:本表所填“单元工程量”不作为施工单位工程量结算计量的依据。

______________工程

表 4201.1　混凝土防渗墙造孔工序施工质量验收评定表

<table>
<tr><td colspan="3">单位工程名称</td><td></td><td>槽段(孔)号</td><td colspan="2"></td></tr>
<tr><td colspan="3">分部工程名称</td><td></td><td>施工单位</td><td colspan="2"></td></tr>
<tr><td colspan="3">单元工程名称、部位</td><td></td><td>施工日期</td><td colspan="2">年　月　日至　　年　月　日</td></tr>
<tr><td colspan="2">项次</td><td>检验项目</td><td>质量要求</td><td>检查记录</td><td>合格数</td><td>合格率</td></tr>
<tr><td rowspan="3">主控项目</td><td>1</td><td>槽孔孔深</td><td>不小于设计孔深</td><td></td><td></td><td></td></tr>
<tr><td>2</td><td>孔斜率</td><td>符合设计要求</td><td></td><td></td><td></td></tr>
<tr><td>3</td><td>施工记录</td><td>齐全、准确、清晰</td><td></td><td></td><td></td></tr>
<tr><td rowspan="2">一般项目</td><td>1</td><td>槽孔中心偏差</td><td>≤30 mm</td><td></td><td></td><td></td></tr>
<tr><td>2</td><td>槽孔宽度</td><td>符合设计要求(包括接头搭接厚度)</td><td></td><td></td><td></td></tr>
<tr><td colspan="2">施工单位自评意见</td><td colspan="5">主控项目检验点全部合格,一般项目逐项检验点的合格率均不小于_______%,且不合格检验点不集中分布,不合格点的质量_______有关规范或设计要求的限值。各项报验资料_______SL 633—2012 的要求。
工序质量等级评定为:______________。
(签字,加盖公章)　　　　年　月　日</td></tr>
<tr><td colspan="2">监理单位复核意见</td><td colspan="5">经复核,主控项目检验点全部合格,一般项目逐项检验点的合格率均不小于_______%,且不合格检验点不集中分布,不合格点的质量_______有关规范或设计要求的限值。各项报验资料_______SL 633—2012 的要求。
工序质量等级评定为:______________。
(签字,加盖公章)　　　　年　月　日</td></tr>
</table>

______________工程

表 4201.2　混凝土防渗墙清孔工序施工质量验收评定表

<table>
<tr><td colspan="3">单位工程名称</td><td colspan="2"></td><td>槽段(孔)号</td><td colspan="3"></td></tr>
<tr><td colspan="3">分部工程名称</td><td colspan="2"></td><td>施工单位</td><td colspan="3"></td></tr>
<tr><td colspan="3">单元工程名称、部位</td><td colspan="2"></td><td>施工日期</td><td colspan="3">年　月　日至　　年　月　日</td></tr>
<tr><td colspan="2">项次</td><td colspan="2">检验项目</td><td>质量要求</td><td colspan="2">检查记录</td><td>合格数</td><td>合格率</td></tr>
<tr><td rowspan="3">主控项目</td><td>1</td><td colspan="2">接头刷洗</td><td>符合设计要求，孔底淤积不再增加</td><td colspan="2"></td><td></td><td></td></tr>
<tr><td>2</td><td colspan="2">孔底淤积</td><td>≤100 mm</td><td colspan="2"></td><td></td><td></td></tr>
<tr><td>3</td><td colspan="2">施工记录</td><td>齐全、准确、清晰</td><td colspan="2"></td><td></td><td></td></tr>
<tr><td rowspan="6">一般项目</td><td rowspan="2">1</td><td rowspan="2">孔内泥浆密度</td><td>黏土</td><td>≤1.30 g/cm^3</td><td colspan="2"></td><td></td><td></td></tr>
<tr><td>膨润土</td><td>根据地层情况或现场试验确定</td><td colspan="2"></td><td></td><td></td></tr>
<tr><td rowspan="2">2</td><td rowspan="2">孔内泥浆黏度</td><td>黏土</td><td>≤30 s</td><td colspan="2"></td><td></td><td></td></tr>
<tr><td>膨润土</td><td>根据地层情况或现场试验确定</td><td colspan="2"></td><td></td><td></td></tr>
<tr><td rowspan="2">3</td><td rowspan="2">孔内泥浆含砂量</td><td>黏土</td><td>≤10%</td><td colspan="2"></td><td></td><td></td></tr>
<tr><td>膨润土</td><td>根据地层情况或现场试验确定</td><td colspan="2"></td><td></td><td></td></tr>
<tr><td>施工单位自评意见</td><td colspan="8">主控项目检验点全部合格，一般项目逐项检验点的合格率均不小于______%，且不合格检验点不集中分布，不合格点的质量______有关规范或设计要求的限值。各项报验资料______SL 633—2012 的要求。
工序质量等级评定为：__________。
（签字，加盖公章）　　年　月　日</td></tr>
<tr><td>监理单位复核意见</td><td colspan="8">经复核，主控项目检验点全部合格，一般项目逐项检验点的合格率均不小于______%，且不合格检验点不集中分布，不合格点的质量______有关规范或设计要求的限值。各项报验资料______SL 633—2012 的要求。
工序质量等级评定为：__________。
（签字，加盖公章）　　年　月　日</td></tr>
</table>

________工程

表 4201.3　混凝土防渗墙混凝土浇筑工序施工质量验收评定表

<table>
<tr><td colspan="2">单位工程名称</td><td colspan="2"></td><td>槽段(孔)号</td><td colspan="3"></td></tr>
<tr><td colspan="2">分部工程名称</td><td colspan="2"></td><td>施工单位</td><td colspan="3"></td></tr>
<tr><td colspan="2">单元工程名称、部位</td><td colspan="2"></td><td>施工日期</td><td colspan="3">年　月　日至　年　月　日</td></tr>
<tr><td colspan="2">项次</td><td>检验项目</td><td>质量要求</td><td colspan="2">检查记录</td><td>合格数</td><td>合格率</td></tr>
<tr><td rowspan="3">主控项目</td><td>1</td><td>导管埋深</td><td>≥1 m,不宜大于 6 m</td><td colspan="2"></td><td></td><td></td></tr>
<tr><td>2</td><td>混凝土上升速度</td><td>≥2 m/h</td><td colspan="2"></td><td></td><td></td></tr>
<tr><td>3</td><td>施工记录</td><td>齐全、准确、清晰</td><td colspan="2"></td><td></td><td></td></tr>
<tr><td rowspan="9">一般项目</td><td>1</td><td>钢筋笼、预埋件、仪器安装埋设</td><td>符合设计要求</td><td colspan="2"></td><td></td><td></td></tr>
<tr><td>2</td><td>导管布置</td><td>符合规范或设计要求</td><td colspan="2"></td><td></td><td></td></tr>
<tr><td>3</td><td>混凝土面高差</td><td>≥0.5 m</td><td colspan="2"></td><td></td><td></td></tr>
<tr><td>4</td><td>混凝土最终高度</td><td>不小于设计高程 0.50 m</td><td colspan="2"></td><td></td><td></td></tr>
<tr><td>5</td><td>混凝土配合比</td><td>符合设计要求</td><td colspan="2"></td><td></td><td></td></tr>
<tr><td>6</td><td>混凝土扩散度</td><td>34~40 cm</td><td colspan="2"></td><td></td><td></td></tr>
<tr><td>7</td><td>混凝土坍落度</td><td>18~22 cm,或符合设计要求</td><td colspan="2"></td><td></td><td></td></tr>
<tr><td>8</td><td>混凝土抗压强度、抗渗等级、弹性模量等</td><td>符合抗压、抗渗、弹模等设计指标</td><td colspan="2"></td><td></td><td></td></tr>
<tr><td>9</td><td>特殊情况处理</td><td>处理后符合设计要求</td><td colspan="2"></td><td></td><td></td></tr>
<tr><td colspan="2">施工单位自评意见</td><td colspan="6">主控项目检验点全部合格,一般项目逐项检验点的合格率均不小于________%,且不合格检验点不集中分布,不合格点的质量________有关规范或设计要求的限值。各项报验资料________SL 633—2012 的要求。

工序质量等级评定为:________________。

(签字,加盖公章)　　年　月　日</td></tr>
<tr><td colspan="2">监理单位复核意见</td><td colspan="6">经复核,主控项目检验点全部合格,一般项目逐项检验点的合格率均不小于________%,且不合格检验点不集中分布,不合格点的质量________有关规范或设计要求的限值。各项报验资料________SL 633—2012 的要求。

工序质量等级评定为:________________。

(签字,加盖公章)　　年　月　日</td></tr>
</table>

________________工程

表 4202 高压喷射灌浆防渗墙单元工程施工质量验收评定表

<table>
<tr><td colspan="2">单位工程名称</td><td colspan="4"></td><td colspan="2">单元工程量</td><td colspan="4"></td></tr>
<tr><td colspan="2">分部工程名称</td><td colspan="4"></td><td colspan="2">施工单位</td><td colspan="4"></td></tr>
<tr><td colspan="2">单元工程名称、部位</td><td colspan="4"></td><td colspan="2">施工日期</td><td colspan="4">年 月 日至 年 月 日</td></tr>
<tr><td rowspan="2">孔号</td><td>孔数序号</td><td>1</td><td>2</td><td>3</td><td>4</td><td>5</td><td>6</td><td>7</td><td>8</td><td>9</td><td>10</td></tr>
<tr><td>钻孔编号</td><td></td><td></td><td></td><td></td><td></td><td></td><td></td><td></td><td></td><td></td></tr>
<tr><td colspan="2">单孔质量验收评定等级</td><td></td><td></td><td></td><td></td><td></td><td></td><td></td><td></td><td></td><td></td></tr>
<tr><td colspan="12">本单元工程内共有______孔,其中优良______孔,优良率______%。</td></tr>
<tr><td rowspan="3">单元工程效果(或实体质量)检查</td><td>1</td><td colspan="10"></td></tr>
<tr><td>2</td><td colspan="10"></td></tr>
<tr><td>⋮</td><td colspan="10"></td></tr>
<tr><td>施工单位自评意见</td><td colspan="11">单元工程效果(或实体质量)检查符合______要求,______孔100%合格,其中优良孔占______%,各项报验资料______SL 633—2012的要求。
单元工程质量等级评定为:____________。
(签字,加盖公章) 年 月 日</td></tr>
<tr><td>监理单位复核意见</td><td colspan="11">经进行单元工程效果(或实体质量)检查符合______要求,______孔(桩、槽)100%合格,其中优良孔占______%,各项报验资料______SL 633—2012的要求。
单元工程质量等级评定为:____________。
(签字,加盖公章) 年 月 日</td></tr>
</table>

注:本表所填“单元工程量”不作为施工单位工程量结算计量的依据。

________________工程

表 4202.1　高压喷射灌浆防渗墙单孔施工质量验收评定表

单位工程名称				孔号		
分部工程名称				施工单位		
单元工程名称、部位				施工日期	年　月　日至　年　月　日	
项次		检验项目	质量要求	检查记录	合格数	合格率
主控项目	1	孔位偏差	≤50 mm			
	2	钻孔深度	大于设计墙体深度			
	3	喷射管下入深度	符合设计要求			
	4	喷射方向	符合设计要求			
	5	提升速度	符合设计要求			
	6	浆液压力	符合设计要求			
	7	浆液流量	符合设计要求			
	8	进浆密度	符合设计要求			
	9	摆动角度	符合设计要求			
	10	施工记录	齐全、准确、清晰			
一般项目	1	孔序	按设计要求			
	2	孔斜率	≤1%，或符合设计要求			
	3	摆动速度	符合设计要求			
	4	气压力	符合设计要求			
	5	气流量	符合设计要求			
	6	水压力	符合设计要求			
	7	水流量	符合设计要求			
	8	回浆密度	符合规范要求			
	9	特殊情况处理	符合设计要求			
	10	浆液压力（低压浆液时）	符合设计要求			
施工单位自评意见	主控项目检验点全部合格，一般项目逐项检验点的合格率均不小于________%，且不合格检验点不集中分布，不合格点的质量________有关规范或设计要求的限值。各项报验资料________SL 633—2012 的要求。 单孔质量等级评定为：________________。 （签字，加盖公章）　年　月　日					
监理单位复核意见	经复核，主控项目检验点全部合格，一般项目逐项检验点的合格率均不小于________%，且不合格检验点不集中分布，不合格点的质量________有关规范或设计要求的限值。各项报验资料________SL 633—2012 的要求。 单孔质量等级评定为：________________。 （签字，加盖公章）　年　月　日					

________________工程

表4203　水泥土搅拌防渗墙单元工程施工质量验收评定表

<table>
<tr><td colspan="2">单位工程名称</td><td colspan="5"></td><td colspan="2">单元工程量</td><td colspan="4"></td></tr>
<tr><td colspan="2">分部工程名称</td><td colspan="5"></td><td colspan="2">施工单位</td><td colspan="4"></td></tr>
<tr><td colspan="2">单元工程名称、部位</td><td colspan="5"></td><td colspan="2">施工日期</td><td colspan="4">年　月　日至　　年　月　日</td></tr>
<tr><td rowspan="2">孔号</td><td>孔数序号</td><td>1</td><td>2</td><td>3</td><td>4</td><td>5</td><td>6</td><td>7</td><td>8</td><td>9</td><td>10</td></tr>
<tr><td>钻孔编号</td><td></td><td></td><td></td><td></td><td></td><td></td><td></td><td></td><td></td><td></td></tr>
<tr><td colspan="2">单孔质量验收评定等级</td><td></td><td></td><td></td><td></td><td></td><td></td><td></td><td></td><td></td><td></td></tr>
<tr><td colspan="12">本单元工程内共有______桩，其中优良______桩，优良率______%。</td></tr>
<tr><td rowspan="3">单元工程效果（或实体质量）检查</td><td>1</td><td colspan="10"></td></tr>
<tr><td>2</td><td colspan="10"></td></tr>
<tr><td>⋮</td><td colspan="10"></td></tr>
<tr><td>施工单位自评意见</td><td colspan="11">单元工程效果（或实体质量）检查符合______要求，______桩100%合格，其中优良桩占______%，各项报验资料______SL 633—2012的要求。
单元工程质量等级评定为：__________。
（签字，加盖公章）　　　年　月　日</td></tr>
<tr><td>监理单位复核意见</td><td colspan="11">经进行单元工程效果（或实体质量）检查符合______要求，______桩100%合格，其中优良孔占______%，各项报验资料______SL 633—2012的要求。
单元工程质量等级评定为：__________。
（签字，加盖公章）　　　年　月　日</td></tr>
</table>

注：本表所填“单元工程量”不作为施工单位工程量结算计量的依据。

________________工程

表 4203.1　水泥土搅拌防渗墙单桩施工质量验收评定表

<table>
<tr><td colspan="2">单位工程名称</td><td colspan="2"></td><td>桩号</td><td colspan="3"></td></tr>
<tr><td colspan="2">分部工程名称</td><td colspan="2"></td><td>施工单位</td><td colspan="3"></td></tr>
<tr><td colspan="2">单元工程名称、部位</td><td colspan="2"></td><td>施工日期</td><td colspan="3">年　月　日至　年　月　日</td></tr>
<tr><td colspan="2">项次</td><td>检验项目</td><td>质量要求</td><td colspan="2">检查记录</td><td>合格数</td><td>合格率</td></tr>
<tr><td rowspan="6">主控项目</td><td>1</td><td>孔位偏差</td><td>≤20 mm</td><td colspan="2"></td><td></td><td></td></tr>
<tr><td>2</td><td>孔深</td><td>符合设计要求</td><td colspan="2"></td><td></td><td></td></tr>
<tr><td>3</td><td>孔斜率</td><td>符合设计要求</td><td colspan="2"></td><td></td><td></td></tr>
<tr><td>4</td><td>输浆量</td><td>符合设计要求</td><td colspan="2"></td><td></td><td></td></tr>
<tr><td>5</td><td>桩径</td><td>符合设计要求</td><td colspan="2"></td><td></td><td></td></tr>
<tr><td>6</td><td>施工记录</td><td>齐全、准确、清晰</td><td colspan="2"></td><td></td><td></td></tr>
<tr><td rowspan="6">一般项目</td><td>1</td><td>水灰比</td><td>符合设计要求</td><td colspan="2"></td><td></td><td></td></tr>
<tr><td>2</td><td>搅拌速度</td><td>符合设计要求</td><td colspan="2"></td><td></td><td></td></tr>
<tr><td>3</td><td>提升速度</td><td>符合设计要求</td><td colspan="2"></td><td></td><td></td></tr>
<tr><td>4</td><td>重复搅拌次数和深度</td><td>符合设计要求</td><td colspan="2"></td><td></td><td></td></tr>
<tr><td>5</td><td>桩顶标高</td><td>超出设计桩顶 0.3～0.5 m</td><td colspan="2"></td><td></td><td></td></tr>
<tr><td>6</td><td>特殊情况处理</td><td>不影响质量</td><td colspan="2"></td><td></td><td></td></tr>
<tr><td colspan="2">施工单位自评意见</td><td colspan="6">主控项目检验点全部合格，一般项目逐项检验点的合格率均不小于________%，且不合格检验点不集中分布，不合格点的质量________有关规范或设计要求的限值。各项报验资料________SL 633—2012 的要求。

单桩质量等级评定为：________________。

（签字，加盖公章）　　　年　月　日</td></tr>
<tr><td colspan="2">监理单位复核意见</td><td colspan="6">经复核，主控项目检验点全部合格，一般项目逐项检验点的合格率均不小于________%，且不合格检验点不集中分布，不合格点的质量________有关规范或设计要求的限值。各项报验资料________SL 633—2012 的要求。

单桩质量等级评定为：________________。

（签字，加盖公章）　　　年　月　日</td></tr>
</table>

第 3 章　地基排水工程

表 4301　地基排水孔排水工程单孔及单元工程施工质量验收评定表

表 4302　地基管(槽)网排水单元工程施工质量验收评定表

____________工程

表 4301 地基排水孔排水工程单孔及单元工程施工质量验收评定表

<table>
<tr><td colspan="3">单位工程名称</td><td colspan="4"></td><td colspan="2">单元工程量</td><td colspan="4"></td></tr>
<tr><td colspan="3">分部工程名称</td><td colspan="4"></td><td colspan="2">施工单位</td><td colspan="4"></td></tr>
<tr><td colspan="3">单元工程名称、部位</td><td colspan="4"></td><td colspan="2">施工日期</td><td colspan="4">年　月　日至　　年　月　日</td></tr>
<tr><td rowspan="2">孔号</td><td colspan="2">孔数序号</td><td>1</td><td>2</td><td>3</td><td>4</td><td>5</td><td>6</td><td>7</td><td>8</td><td>9</td><td>10</td></tr>
<tr><td colspan="2">钻孔编号</td><td></td><td></td><td></td><td></td><td></td><td></td><td></td><td></td><td></td><td></td></tr>
<tr><td rowspan="3">工序质量评定结果</td><td>1</td><td>△钻孔（包括清洗）</td><td></td><td></td><td></td><td></td><td></td><td></td><td></td><td></td><td></td><td></td></tr>
<tr><td>2</td><td>孔内及孔口装置安装（需设置孔内、孔口保护和需孔口测试时）</td><td></td><td></td><td></td><td></td><td></td><td></td><td></td><td></td><td></td><td></td></tr>
<tr><td>3</td><td>孔口测试(需孔口测试时)</td><td></td><td></td><td></td><td></td><td></td><td></td><td></td><td></td><td></td><td></td></tr>
<tr><td rowspan="2">单孔质量验收评定</td><td colspan="2">施工单位自评意见</td><td></td><td></td><td></td><td></td><td></td><td></td><td></td><td></td><td></td><td></td></tr>
<tr><td colspan="2">监理单位评定意见</td><td></td><td></td><td></td><td></td><td></td><td></td><td></td><td></td><td></td><td></td></tr>
<tr><td colspan="13">本单元工程内共有______孔，其中优良______孔，优良率______%。</td></tr>
<tr><td colspan="2">施工单位自评意见</td><td colspan="11">单元工程效果（或实体质量）检查符合______要求，______孔 100%合格，其中优良孔占______%，各项报验资料______ SL 633—2012 的要求。

单元工程质量等级评定为：__________。

（签字，加盖公章）　　　年　月　日</td></tr>
<tr><td colspan="2">监理单位复核意见</td><td colspan="11">经进行单元工程效果（或实体质量）检查符合______要求，______孔 100%合格，其中优良孔占______%，各项报验资料______ SL 633—2012 的要求。

单元工程质量等级评定为：__________。

（签字，加盖公章）　　　年　月　日</td></tr>
</table>

注：本表所填“单元工程量”不作为施工单位工程量结算计量的依据。

________工程

表 4301.1　地基排水孔排水工程单孔钻孔工序施工质量验收评定表

<table>
<tr><td colspan="3">单位工程名称</td><td></td><td>孔号及工序名称</td><td colspan="2"></td></tr>
<tr><td colspan="3">分部工程名称</td><td></td><td>施工单位</td><td colspan="2"></td></tr>
<tr><td colspan="3">单元工程名称、部位</td><td></td><td>施工日期</td><td colspan="2">年　月　日至　年　月　日</td></tr>
<tr><td colspan="2">项次</td><td>检验项目</td><td>质量要求</td><td>检查记录</td><td>合格数</td><td>合格率</td></tr>
<tr><td rowspan="4">主控项目</td><td>1</td><td>孔径</td><td>符合设计要求</td><td></td><td></td><td></td></tr>
<tr><td>2</td><td>孔深</td><td>符合设计要求</td><td></td><td></td><td></td></tr>
<tr><td>3</td><td>孔位偏差</td><td>≤100 mm</td><td></td><td></td><td></td></tr>
<tr><td>4</td><td>施工记录</td><td>齐全、准确、清晰</td><td></td><td></td><td></td></tr>
<tr><td rowspan="3">一般项目</td><td>1</td><td>钻孔孔斜</td><td>符合设计要求</td><td></td><td></td><td></td></tr>
<tr><td>2</td><td>钻孔清洗</td><td>回水清净，孔底沉淀小于 200 mm</td><td></td><td></td><td></td></tr>
<tr><td>3</td><td>地质编录</td><td>符合设计要求</td><td></td><td></td><td></td></tr>
<tr><td colspan="2">施工单位自评意见</td><td colspan="5">主控项目检验点全部合格，一般项目逐项检验点的合格率均不小于______%，且不合格检验点不集中分布，不合格点的质量______有关规范或设计要求的限值。各项报验资料______SL 633—2012 的要求。

工序质量等级评定为：____________。

（签字，加盖公章）　　年　月　日</td></tr>
<tr><td colspan="2">监理单位复核意见</td><td colspan="5">经复核，主控项目检验点全部合格，一般项目逐项检验点的合格率均不小于______%，且不合格检验点不集中分布，不合格点的质量______有关规范或设计要求的限值。各项报验资料______SL 633—2012 的要求。

工序质量等级评定为：____________。

（签字，加盖公章）　　年　月　日</td></tr>
</table>

________工程

表 4301.2　地基排水孔排水工程单孔孔内及孔口装置安装工序施工质量验收评定表

<table>
<tr><td colspan="3">单位工程名称</td><td></td><td>孔号及工序名称</td><td colspan="3"></td></tr>
<tr><td colspan="3">分部工程名称</td><td></td><td>施工单位</td><td colspan="3"></td></tr>
<tr><td colspan="3">单元工程名称、部位</td><td></td><td>施工日期</td><td colspan="3">年　月　日至　年　月　日</td></tr>
<tr><td colspan="2">项次</td><td>检验项目</td><td colspan="2">质量要求</td><td>检查记录</td><td>合格数</td><td>合格率</td></tr>
<tr><td rowspan="5">主控项目</td><td>1</td><td>孔内保护结构材质、规格</td><td colspan="2">符合设计要求</td><td></td><td></td><td></td></tr>
<tr><td>2</td><td>孔内保护结构</td><td colspan="2">符合设计要求</td><td></td><td></td><td></td></tr>
<tr><td>3</td><td>孔内保护结构安放位置</td><td colspan="2">符合设计要求</td><td></td><td></td><td></td></tr>
<tr><td>4</td><td>孔口保护结构</td><td colspan="2">符合设计要求</td><td></td><td></td><td></td></tr>
<tr><td>5</td><td>施工记录</td><td colspan="2">齐全、准确、清晰</td><td></td><td></td><td></td></tr>
<tr><td>一般项目</td><td>1</td><td>测渗系统设备安装位置</td><td colspan="2">符合设计要求</td><td></td><td></td><td></td></tr>
<tr><td colspan="2">施工单位自评意见</td><td colspan="6">主控项目检验点全部合格，一般项目逐项检验点的合格率均不小于______%，且不合格检验点不集中分布，不合格点的质量______有关规范或设计要求的限值。各项报验资料______SL 633—2012 的要求。

工序质量等级评定为：__________。

（签字，加盖公章）　　年　月　日</td></tr>
<tr><td colspan="2">监理单位复核意见</td><td colspan="6">经复核，主控项目检验点全部合格，一般项目逐项检验点的合格率均不小于______%，且不合格检验点不集中分布，不合格点的质量______有关规范或设计要求的限值。各项报验资料______SL 633—2012 的要求。

工序质量等级评定为：__________。

（签字，加盖公章）　　年　月　日</td></tr>
</table>

______________工程

表 4301.3　地基排水孔排水工程单孔孔口测试工序施工质量验收评定表

<table>
<tr><td colspan="2">单位工程名称</td><td colspan="2"></td><td>孔号及工序名称</td><td colspan="2"></td></tr>
<tr><td colspan="2">分部工程名称</td><td colspan="2"></td><td>施工单位</td><td colspan="2"></td></tr>
<tr><td colspan="2">单元工程名称、部位</td><td colspan="2"></td><td>施工日期</td><td colspan="2">年　月　日至　年　月　日</td></tr>
<tr><td colspan="2">项次</td><td>检验项目</td><td>质量要求</td><td>检查记录</td><td>合格数</td><td>合格率</td></tr>
<tr><td>主控项目</td><td>1</td><td>排水孔渗压、渗流量观测</td><td>具有渗压、渗流量初始值，验收移交前的观测资料准确、齐全</td><td></td><td></td><td></td></tr>
<tr><td colspan="2">施工单位自评意见</td><td colspan="5">主控项目检验点全部合格，一般项目逐项检验点的合格率均不小于_______%，且不合格检验点不集中分布，不合格点的质量_______有关规范或设计要求的限值。各项报验资料_______SL 633—2012 的要求。

工序质量等级评定为：______________。

（签字，加盖公章）　　　　年　月　日</td></tr>
<tr><td colspan="2">监理单位复核意见</td><td colspan="5">经复核，主控项目检验点全部合格，一般项目逐项检验点的合格率均不小于_______%，且不合格检验点不集中分布，不合格点的质量_______有关规范或设计要求的限值。各项报验资料_______SL 633—2012 的要求。

工序质量等级评定为：______________。

（签字，加盖公章）　　　　年　月　日</td></tr>
</table>

________________工程

表 4302　地基管(槽)网排水单元工程施工质量验收评定表

<table>
<tr><td colspan="2">单位工程名称</td><td colspan="2"></td><td>单元工程量</td><td></td></tr>
<tr><td colspan="2">分部工程名称</td><td colspan="2"></td><td>施工单位</td><td></td></tr>
<tr><td colspan="2">单元工程名称、部位</td><td colspan="2"></td><td>施工日期</td><td>年　月　日至　　年　月　日</td></tr>
<tr><td>项次</td><td>工序名称</td><td colspan="4">工序质量验收评定等级</td></tr>
<tr><td>1</td><td>铺设基面处理</td><td colspan="4"></td></tr>
<tr><td>2</td><td>△管(槽)网铺设及保护</td><td colspan="4"></td></tr>
<tr><td colspan="2" rowspan="3">单元工程效果(或实体质量)检查</td><td>1</td><td colspan="3"></td></tr>
<tr><td>2</td><td colspan="3"></td></tr>
<tr><td>⋮</td><td colspan="3"></td></tr>
<tr><td>施工单位自评意见</td><td colspan="5">单元工程效果(或实体质量)检查符合________要求,工序 100%合格,其中优良占________%,________工序达到优良,各项报验资料________ SL 633—2012 的要求。

单元工程质量等级评定为:________________。

(签字,加盖公章)　　　　年　月　日</td></tr>
<tr><td>监理单位复核意见</td><td colspan="5">经进行单元工程效果(或实体质量)检查,符合________要求,工序 100%合格,其中优良孔占________%,________工序达到优良,各项报验资料________ SL 633—2012 的要求。

单元工程质量等级评定为:________________。

(签字,加盖公章)　　　　年　月　日</td></tr>
</table>

注:本表所填“单元工程量”不作为施工单位工程量结算计量的依据。

________________工程

表 4302.1　地基管(槽)网排水铺设基面处理工序施工质量验收评定表

<table>
<tr><td colspan="3">单位工程名称</td><td colspan="2"></td><td>工序名称</td><td colspan="2"></td></tr>
<tr><td colspan="3">分部工程名称</td><td colspan="2"></td><td>施工单位</td><td colspan="2"></td></tr>
<tr><td colspan="3">单元工程名称、部位</td><td colspan="2"></td><td>施工日期</td><td colspan="2">年 月 日至 年 月 日</td></tr>
<tr><td colspan="2">项次</td><td>检验项目</td><td>质量要求</td><td colspan="2">检查记录</td><td>合格数</td><td>合格率</td></tr>
<tr><td rowspan="2">主控项目</td><td>1</td><td>铺设基础面平面布置</td><td>符合设计要求</td><td colspan="2"></td><td></td><td></td></tr>
<tr><td>2</td><td>铺设基础面高程</td><td>符合设计要求</td><td colspan="2"></td><td></td><td></td></tr>
<tr><td rowspan="2">一般项目</td><td>1</td><td>铺设基面平整度、压实度</td><td>符合设计要求</td><td colspan="2"></td><td></td><td></td></tr>
<tr><td>2</td><td>施工记录</td><td>齐全、准确、清晰</td><td colspan="2"></td><td></td><td></td></tr>
<tr><td>施工单位自评意见</td><td colspan="7">主控项目检验点全部合格，一般项目逐项检验点的合格率均不小于______%，且不合格检验点不集中分布，不合格点的质量______有关规范或设计要求的限值。各项报验资料______SL 633—2012 的要求。
工序质量等级评定为：____________。
(签字，加盖公章)　　年　月　日</td></tr>
<tr><td>监理单位复核意见</td><td colspan="7">经复核，主控项目检验点全部合格，一般项目逐项检验点的合格率均不小于______%，且不合格检验点不集中分布，不合格点的质量______有关规范或设计要求的限值。各项报验资料______SL 633—2012 的要求。
工序质量等级评定为：____________。
(签字，加盖公章)　　年　月　日</td></tr>
</table>

______________工程

表 4302.2　地基管(槽)网排水管(槽)网铺设及保护工序施工质量验收评定表

单位工程名称				工序名称		
分部工程名称				施工单位		
单元工程名称、部位				施工日期	年　月　日至　年　月　日	
项次		检验项目	质量要求	检查记录	合格数	合格率
主控项目	1	排水管(槽)网材质、规格	符合设计要求			
	2	排水管(槽)网接头连接	严密、不漏水			
	3	保护排水管(槽)网的材料材质	耐久性、透水性、防淤堵性能满足设计要求			
	4	舍(槽)与基岩接触	严密、不漏水,管(槽)内干净			
	5	施工记录	齐全、准确、清晰			
一般项目	1	排水管网的固定	符合设计要求			
	2	排水系统引出	符合设计要求			
施工单位自评意见	主控项目检验点全部合格,一般项目逐项检验点的合格率均不小于________%,且不合格检验点不集中分布,不合格点的质量________有关规范或设计要求的限值。各项报验资料________SL 633—2012 的要求。 工序质量等级评定为:________________。 (签字,加盖公章)　　年　月　日					
监理单位复核意见	经复核,主控项目检验点全部合格,一般项目逐项检验点的合格率均不小于________%,且不合格检验点不集中分布,不合格点的质量________有关规范或设计要求的限值。各项报验资料________SL 633—2012 的要求。 工序质量等级评定为:________________。 (签字,加盖公章)　　年　月　日					

第4章　支护加固工程

表4401　锚喷支护单元工程施工质量验收评定表

表4402　预应力锚索加固单根及单元工程施工质量验收评定表

________________工程

表 4401　锚喷支护单元工程施工质量验收评定表

<table>
<tr><td>单位工程名称</td><td colspan="2"></td><td>单元工程量</td><td></td></tr>
<tr><td>分部工程名称</td><td colspan="2"></td><td>施工单位</td><td></td></tr>
<tr><td>单元工程名称、部位</td><td colspan="2"></td><td>施工日期</td><td>年　月　日至　　年　月　日</td></tr>
<tr><td>项次</td><td>工序名称</td><td colspan="3">工序质量验收评定等级</td></tr>
<tr><td>1</td><td>△锚杆(包括钻孔)</td><td colspan="3"></td></tr>
<tr><td>2</td><td>喷混凝土(包括钢筋网制作及安装)</td><td colspan="3"></td></tr>
<tr><td>施工单位自评意见</td><td colspan="4">单元工程质量检查符合________要求,工序全部合格,其中优良占________%,________工序达到优良,各项报验资料________ SL 633—2012 的要求。
单元工程质量等级评定为:________________。
(签字,加盖公章)　　　　年　月　日</td></tr>
<tr><td>监理单位复核意见</td><td colspan="4">经进行单元工程质量检查,符合________ 要求,工序全部合格,其中优良孔占________%,________工序达到优良,各项报验资料________ SL 633—2012 的要求。
单元工程质量等级评定为:________________。
(签字,加盖公章)　　　　年　月　日</td></tr>
</table>

注:本表所填“单元工程量”不作为施工单位工程量结算计量的依据。

______________工程

表 4401.1　锚喷支护锚杆工序施工质量验收评定表

<table>
<tr><td colspan="3">单位工程名称</td><td></td><td>工序名称</td><td colspan="2"></td></tr>
<tr><td colspan="3">分部工程名称</td><td></td><td>施工单位</td><td colspan="2"></td></tr>
<tr><td colspan="3">单元工程名称、部位</td><td></td><td>施工日期</td><td colspan="2">年　月　日至　　年　月　日</td></tr>
<tr><td colspan="2">项次</td><td>检验项目</td><td>质量要求</td><td>检查记录</td><td>合格数</td><td>合格率</td></tr>
<tr><td rowspan="5">主控项目</td><td>1</td><td>锚杆材质和胶结材料性能</td><td>符合设计要求</td><td></td><td></td><td></td></tr>
<tr><td>2</td><td>孔深偏差</td><td>≤50 mm</td><td></td><td></td><td></td></tr>
<tr><td>3</td><td>锚孔清理</td><td>孔内无岩粉、无积水</td><td></td><td></td><td></td></tr>
<tr><td>4</td><td>锚杆抗拔力(或无损检测)</td><td>符合设计和规范要求</td><td></td><td></td><td></td></tr>
<tr><td>5</td><td>预应力锚杆张拉力</td><td>符合设计和规范要求</td><td></td><td></td><td></td></tr>
<tr><td rowspan="6">一般项目</td><td>1</td><td>锚杆孔位偏差</td><td>≤150 mm(预应力锚杆:≤200 mm)</td><td></td><td></td><td></td></tr>
<tr><td>2</td><td>锚杆钻孔方向偏差</td><td>符合设计要求(预应力锚杆:≤3%)</td><td></td><td></td><td></td></tr>
<tr><td>3</td><td>锚杆钻孔孔径</td><td>符合设计要求</td><td></td><td></td><td></td></tr>
<tr><td>4</td><td>锚杆长度偏差</td><td>≤35 mm</td><td></td><td></td><td></td></tr>
<tr><td>5</td><td>锚杆孔注浆</td><td>符合设计和规范要求</td><td></td><td></td><td></td></tr>
<tr><td>6</td><td>施工记录</td><td>齐全、准确、清晰</td><td></td><td></td><td></td></tr>
<tr><td colspan="2">施工单位自评意见</td><td colspan="5">主控项目检验点全部合格,一般项目逐项检验点的合格率均不小于_______%,且不合格检验点不集中分布,不合格点的质量_______有关规范或设计要求的限值。各项报验资料_______SL 633—2012 的要求。

工序质量等级评定为:______________。

(签字,加盖公章)　　　年　月　日</td></tr>
<tr><td colspan="2">监理单位复核意见</td><td colspan="5">经复核,主控项目检验点全部合格,一般项目逐项检验点的合格率均不小于_______%,且不合格检验点不集中分布,不合格点的质量_______有关规范或设计要求的限值。各项报验资料_______SL 633—2012 的要求。

工序质量等级评定为:______________。

(签字,加盖公章)　　　年　月　日</td></tr>
</table>

________________工程

表 4401.2 锚喷支护喷混凝土工序施工质量验收评定表

<table>
<tr><td colspan="3">单位工程名称</td><td></td><td>工序名称</td><td colspan="2"></td></tr>
<tr><td colspan="3">分部工程名称</td><td></td><td>施工单位</td><td colspan="2"></td></tr>
<tr><td colspan="3">单元工程名称、部位</td><td></td><td>施工日期</td><td colspan="2">年 月 日至 年 月 日</td></tr>
<tr><td colspan="2">项次</td><td>检验项目</td><td>质量要求</td><td>检查记录</td><td>合格数</td><td>合格率</td></tr>
<tr><td rowspan="4">主控项目</td><td>1</td><td>喷混凝土性能</td><td>符合设计要求</td><td></td><td></td><td></td></tr>
<tr><td>2</td><td>喷层均匀性</td><td>个别处有夹层、包沙</td><td></td><td></td><td></td></tr>
<tr><td>3</td><td>喷层密实性</td><td>无滴水、个别点渗水</td><td></td><td></td><td></td></tr>
<tr><td>4</td><td>喷层厚度</td><td>符合设计和规范要求</td><td></td><td></td><td></td></tr>
<tr><td rowspan="7">一般项目</td><td>1</td><td>喷混凝土配合比</td><td>满足规范要求</td><td></td><td></td><td></td></tr>
<tr><td>2</td><td>受喷面清理</td><td>符合设计及规范要求</td><td></td><td></td><td></td></tr>
<tr><td>3</td><td>喷层表面整体性</td><td>个别处有微细裂缝</td><td></td><td></td><td></td></tr>
<tr><td>4</td><td>喷层养护</td><td>符合设计及规范要求</td><td></td><td></td><td></td></tr>
<tr><td>5</td><td>钢筋(丝)网格间距偏差</td><td>≤20 mm</td><td></td><td></td><td></td></tr>
<tr><td>6</td><td>钢筋(丝)网安装</td><td>符合设计和规范要求</td><td></td><td></td><td></td></tr>
<tr><td>7</td><td>施工记录</td><td>齐全、准确、清晰</td><td></td><td></td><td></td></tr>
<tr><td colspan="2">施工单位自评意见</td><td colspan="5">主控项目检验点全部合格,一般项目逐项检验点的合格率均不小于______%,且不合格检验点不集中分布,不合格点的质量______有关规范或设计要求的限值。各项报验资料______SL 633—2012 的要求。

工序质量等级评定为:____________。

(签字,加盖公章) 年 月 日</td></tr>
<tr><td colspan="2">监理单位复核意见</td><td colspan="5">经复核,主控项目检验点全部合格,一般项目逐项检验点的合格率均不小于______%,且不合格检验点不集中分布,不合格点的质量______有关规范或设计要求的限值。各项报验资料______SL 633—2012 的要求。

工序质量等级评定为:____________。

(签字,加盖公章) 年 月 日</td></tr>
</table>

______________工程

表 4402　预应力锚索加固单根及单元工程施工质量验收评定表

<table>
<tr><td colspan="3">单位工程名称</td><td colspan="4"></td><td colspan="2">单元工程量</td><td colspan="4"></td></tr>
<tr><td colspan="3">分部工程名称</td><td colspan="4"></td><td colspan="2">施工单位</td><td colspan="4"></td></tr>
<tr><td colspan="3">单元工程名称、部位</td><td colspan="4"></td><td colspan="2">施工日期</td><td colspan="4">年　月　日至　年　月　日</td></tr>
<tr><td rowspan="2">孔号</td><td colspan="2">孔数序号</td><td>1</td><td>2</td><td>3</td><td>4</td><td>5</td><td>6</td><td>7</td><td>8</td><td>9</td><td>10</td></tr>
<tr><td colspan="2">钻孔编号</td><td></td><td></td><td></td><td></td><td></td><td></td><td></td><td></td><td></td><td></td></tr>
<tr><td rowspan="4">工序质量评定结果</td><td>1</td><td>钻孔</td><td></td><td></td><td></td><td></td><td></td><td></td><td></td><td></td><td></td><td></td></tr>
<tr><td>2</td><td>锚束制作安装</td><td></td><td></td><td></td><td></td><td></td><td></td><td></td><td></td><td></td><td></td></tr>
<tr><td>3</td><td>外锚头制作</td><td></td><td></td><td></td><td></td><td></td><td></td><td></td><td></td><td></td><td></td></tr>
<tr><td>4</td><td>△锚索张拉锁定（包括防护）</td><td></td><td></td><td></td><td></td><td></td><td></td><td></td><td></td><td></td><td></td></tr>
<tr><td rowspan="2">单根锚索质量验收评定</td><td colspan="2">施工单位自评意见</td><td></td><td></td><td></td><td></td><td></td><td></td><td></td><td></td><td></td><td></td></tr>
<tr><td colspan="2">监理单位评定意见</td><td></td><td></td><td></td><td></td><td></td><td></td><td></td><td></td><td></td><td></td></tr>
<tr><td colspan="13">本单元工程内共有______根，其中优良______根，优良率______%。</td></tr>
<tr><td>施工单位自评意见</td><td colspan="12">单元工程质量检查符合______要求，______根100%合格，其中优良根占______%，各项报验资料______SL 633—2012的要求。
单元工程质量等级评定为：__________。
（签字，加盖公章）　　年　月　日</td></tr>
<tr><td>监理单位复核意见</td><td colspan="12">经进行单元工程质量检查，符合______要求，______根100%合格，其中优良根占______%，各项报验资料______SL 633—2012的要求。
单元工程质量等级评定为：__________。
（签字，加盖公章）　　年　月　日</td></tr>
</table>

注：本表所填“单元工程量”不作为施工单位工程量结算计量的依据。

________________工程

表 4402.1　预应力锚索加固单根钻孔工序施工质量验收评定表

<table>
<tr><td colspan="2">单位工程名称</td><td colspan="2"></td><td>孔号及工序名称</td><td colspan="3"></td></tr>
<tr><td colspan="2">分部工程名称</td><td colspan="2"></td><td>施工单位</td><td colspan="3"></td></tr>
<tr><td colspan="2">单元工程名称、部位</td><td colspan="2"></td><td>施工日期</td><td colspan="3">年　月　日至　　年　月　日</td></tr>
<tr><td colspan="2">项次</td><td>检验项目</td><td>质量要求</td><td colspan="2">检查记录</td><td>合格数</td><td>合格率</td></tr>
<tr><td rowspan="7">主控项目</td><td>1</td><td>孔径</td><td>不小于设计值</td><td colspan="2"></td><td></td><td></td></tr>
<tr><td>2</td><td>孔深</td><td>不小于设计值，有效孔深的超深不大于 200 mm</td><td colspan="2"></td><td></td><td></td></tr>
<tr><td>3</td><td>机械式锚固段超径</td><td>不大于孔径的 3%，且不大于 5 mm</td><td colspan="2"></td><td></td><td></td></tr>
<tr><td>4</td><td>孔斜率</td><td>不大于 3%，有特殊要求的不大于 0.8%</td><td colspan="2"></td><td></td><td></td></tr>
<tr><td>5</td><td>钻孔围岩灌浆</td><td>符合设计和规范要求</td><td colspan="2"></td><td></td><td></td></tr>
<tr><td>6</td><td>孔轴方向</td><td>符合设计要求</td><td colspan="2"></td><td></td><td></td></tr>
<tr><td>7</td><td>内锚头扩孔</td><td>符合设计及规范要求</td><td colspan="2"></td><td></td><td></td></tr>
<tr><td rowspan="3">一般项目</td><td>1</td><td>孔位偏差</td><td>≤100 mm</td><td colspan="2"></td><td></td><td></td></tr>
<tr><td>2</td><td>钻孔清洗</td><td>孔内不应残留废渣、岩芯</td><td colspan="2"></td><td></td><td></td></tr>
<tr><td>3</td><td>施工记录</td><td>齐全、准确、清晰</td><td colspan="2"></td><td></td><td></td></tr>
<tr><td colspan="2">施工单位自评意见</td><td colspan="6">主控项目检验点全部合格，一般项目逐项检验点的合格率均不小于________%，且不合格检验点不集中分布，不合格点的质量________有关规范或设计要求的限值。各项报验资料________SL 633—2012 的要求。

工序质量等级评定为：______________。

（签字，加盖公章）　　　年　月　日</td></tr>
<tr><td colspan="2">监理单位复核意见</td><td colspan="6">经复核，主控项目检验点全部合格，一般项目逐项检验点的合格率均不小于________%，且不合格检验点不集中分布，不合格点的质量________有关规范或设计要求的限值。各项报验资料________SL 633—2012 的要求。

工序质量等级评定为：______________。

（签字，加盖公章）　　　年　月　日</td></tr>
</table>

________________工程

表 4402.2　预应力锚索加固单根锚束制作及安装工序施工质量验收评定表

<table>
<tr><td colspan="3">单位工程名称</td><td></td><td>孔号及工序名称</td><td colspan="3"></td></tr>
<tr><td colspan="3">分部工程名称</td><td></td><td>施工单位</td><td colspan="3"></td></tr>
<tr><td colspan="3">单元工程名称、部位</td><td></td><td>施工日期</td><td colspan="3">年　月　日至　年　月　日</td></tr>
<tr><td colspan="2">项次</td><td>检验项目</td><td>质量要求</td><td colspan="2">检查记录</td><td>合格数</td><td>合格率</td></tr>
<tr><td rowspan="6">主控项目</td><td>1</td><td>锚束材质、规格</td><td>符合设计和规范要求</td><td colspan="2"></td><td></td><td></td></tr>
<tr><td>2</td><td>注浆浆液性能</td><td>符合设计和规范要求</td><td colspan="2"></td><td></td><td></td></tr>
<tr><td>3</td><td>编束</td><td>符合设计和工艺操作要求</td><td colspan="2"></td><td></td><td></td></tr>
<tr><td>4</td><td>锚束进浆管、排气管</td><td>通畅，阻塞器完好</td><td colspan="2"></td><td></td><td></td></tr>
<tr><td>5</td><td>锚束安放</td><td>锚束应顺直，无弯曲、扭转现象</td><td colspan="2"></td><td></td><td></td></tr>
<tr><td>6</td><td>锚固端注浆</td><td>符合设计要求</td><td colspan="2"></td><td></td><td></td></tr>
<tr><td rowspan="4">一般项目</td><td>1</td><td>锚束外观</td><td>无锈、无油污、无残缺、防护涂层无损伤</td><td colspan="2"></td><td></td><td></td></tr>
<tr><td>2</td><td>锚束堆放</td><td>符合设计要求</td><td colspan="2"></td><td></td><td></td></tr>
<tr><td>3</td><td>锚束运输</td><td>符合设计要求</td><td colspan="2"></td><td></td><td></td></tr>
<tr><td>4</td><td>施工记录</td><td>齐全、准确、清晰</td><td colspan="2"></td><td></td><td></td></tr>
<tr><td colspan="2">施工单位自评意见</td><td colspan="6">主控项目检验点全部合格，一般项目逐项检验点的合格率均不小于_______%，且不合格检验点不集中分布，不合格点的质量_______有关规范或设计要求的限值。各项报验资料_______SL 633—2012 的要求。
工序质量等级评定为：_______________。
（签字，加盖公章）　　年　月　日</td></tr>
<tr><td colspan="2">监理单位复核意见</td><td colspan="6">经复核，主控项目检验点全部合格，一般项目逐项检验点的合格率均不小于_______%，且不合格检验点不集中分布，不合格点的质量_______有关规范或设计要求的限值。各项报验资料_______SL 633—2012 的要求。
工序质量等级评定为：_______________。
（签字，加盖公章）　　年　月　日</td></tr>
</table>

______________工程

表 4402.3　预应力锚索加固单根外锚头制作工序施工质量验收评定表

<table>
<tr><td colspan="3">单位工程名称</td><td></td><td>孔号及工序名称</td><td colspan="2"></td></tr>
<tr><td colspan="3">分部工程名称</td><td></td><td>施工单位</td><td colspan="2"></td></tr>
<tr><td colspan="3">单元工程名称、部位</td><td></td><td>施工日期</td><td colspan="2">年　月　日至　年　月　日</td></tr>
<tr><td colspan="2">项次</td><td>检验项目</td><td>质量要求</td><td>检查记录</td><td>合格数</td><td>合格率</td></tr>
<tr><td>主控项目</td><td>1</td><td>垫板承压面与锚孔轴线夹角</td><td>90°±0.5°</td><td></td><td></td><td></td></tr>
<tr><td rowspan="3">一般项目</td><td>1</td><td>混凝土性能</td><td>符合设计要求</td><td></td><td></td><td></td></tr>
<tr><td>2</td><td>基面清理</td><td>符合设计要求</td><td></td><td></td><td></td></tr>
<tr><td>3</td><td>结构与体形</td><td>符合设计要求</td><td></td><td></td><td></td></tr>
<tr><td colspan="2">施工单位自评意见</td><td colspan="5">主控项目检验点全部合格，一般项目逐项检验点的合格率均不小于______%，且不合格检验点不集中分布，不合格点的质量______有关规范或设计要求的限值。各项报验资料______SL 633—2012 的要求。

工序质量等级评定为：____________。

（签字，加盖公章）　　年　月　日</td></tr>
<tr><td colspan="2">监理单位复核意见</td><td colspan="5">经复核，主控项目检验点全部合格，一般项目逐项检验点的合格率均不小于______%，且不合格检验点不集中分布，不合格点的质量______有关规范或设计要求的限值。各项报验资料______SL 633—2012 的要求。

工序质量等级评定为：____________。

（签字，加盖公章）　　年　月　日</td></tr>
</table>

______________工程

表 4402.4　预应力锚索加固单根锚索张拉锁定工序施工质量验收评定表

<table>
<tr><td colspan="2">单位工程名称</td><td colspan="2"></td><td>孔号及工序名称</td><td colspan="3"></td></tr>
<tr><td colspan="2">分部工程名称</td><td colspan="2"></td><td>施工单位</td><td colspan="3"></td></tr>
<tr><td colspan="2">单元工程名称、部位</td><td colspan="2"></td><td>施工日期</td><td colspan="3">年　月　日至　　年　月　日</td></tr>
<tr><td colspan="2">项次</td><td>检验项目</td><td colspan="2">质量要求</td><td>检查记录</td><td>合格数</td><td>合格率</td></tr>
<tr><td rowspan="5">主控项目</td><td>1</td><td>锚索张拉程序、标准</td><td colspan="2">符合设计及规范要求</td><td></td><td></td><td></td></tr>
<tr><td>2</td><td>锚索张拉</td><td colspan="2">符合设计要求、符合张拉程序</td><td></td><td></td><td></td></tr>
<tr><td>3</td><td>索体伸长值</td><td colspan="2">符合设计要求</td><td></td><td></td><td></td></tr>
<tr><td>4</td><td>锚索锁定</td><td colspan="2">符合设计及规范要求</td><td></td><td></td><td></td></tr>
<tr><td>5</td><td>施工记录</td><td colspan="2">齐全、准确、清晰</td><td></td><td></td><td></td></tr>
<tr><td rowspan="3">一般项目</td><td>1</td><td>锚具外索体切割</td><td colspan="2">符合设计要求</td><td></td><td></td><td></td></tr>
<tr><td>2</td><td>封孔灌浆</td><td colspan="2">密实、无连通气泡、无脱空</td><td></td><td></td><td></td></tr>
<tr><td>3</td><td>锚头防护措施</td><td colspan="2">符合设计要求</td><td></td><td></td><td></td></tr>
<tr><td colspan="2">施工单位自评意见</td><td colspan="6">主控项目检验点全部合格，一般项目逐项检验点的合格率均不小于______%，且不合格检验点不集中分布，不合格点的质量______有关规范或设计要求的限值。各项报验资料______SL 633—2012 的要求。

工序质量等级评定为：__________。

（签字，加盖公章）　　　年　月　日</td></tr>
<tr><td colspan="2">监理单位复核意见</td><td colspan="6">经复核，主控项目检验点全部合格，一般项目逐项检验点的合格率均不小于______%，且不合格检验点不集中分布，不合格点的质量______有关规范或设计要求的限值。各项报验资料______SL 633—2012 的要求。

工序质量等级评定为：__________。

（签字，加盖公章）　　　年　月　日</td></tr>
</table>

第 5 章　基础工程

表 4501　钻孔灌注桩工程单桩及单元工程施工质量验收评定表

表 4502　振冲法地基加固单元工程施工质量验收评定表

表 4503　强夯法地基加固单元工程施工质量验收评定表

______________工程

表4501 钻孔灌注桩工程单桩及单元工程施工质量验收评定表

<table>
<tr><td colspan="3">单位工程名称</td><td colspan="4"></td><td colspan="2">单元工程量</td><td colspan="4"></td></tr>
<tr><td colspan="3">分部工程名称</td><td colspan="4"></td><td colspan="2">施工单位</td><td colspan="4"></td></tr>
<tr><td colspan="3">单元工程名称、部位</td><td colspan="4"></td><td colspan="2">施工日期</td><td colspan="4">年 月 日至 年 月 日</td></tr>
<tr><td rowspan="2">孔号</td><td colspan="2">孔数序号</td><td>1</td><td>2</td><td>3</td><td>4</td><td>5</td><td>6</td><td>7</td><td>8</td><td>9</td><td>10</td></tr>
<tr><td colspan="2">钻孔编号</td><td></td><td></td><td></td><td></td><td></td><td></td><td></td><td></td><td></td><td></td></tr>
<tr><td rowspan="3">工序质量评定结果</td><td>1</td><td>钻孔(包括清孔和检查)</td><td></td><td></td><td></td><td></td><td></td><td></td><td></td><td></td><td></td><td></td></tr>
<tr><td>2</td><td>钢筋笼制造安装</td><td></td><td></td><td></td><td></td><td></td><td></td><td></td><td></td><td></td><td></td></tr>
<tr><td>3</td><td>△混凝土浇筑</td><td></td><td></td><td></td><td></td><td></td><td></td><td></td><td></td><td></td><td></td></tr>
<tr><td rowspan="2">单桩质量验收评定</td><td colspan="2">施工单位自评意见</td><td></td><td></td><td></td><td></td><td></td><td></td><td></td><td></td><td></td><td></td></tr>
<tr><td colspan="2">监理单位评定意见</td><td></td><td></td><td></td><td></td><td></td><td></td><td></td><td></td><td></td><td></td></tr>
<tr><td colspan="13">本单元工程内共有______桩,其中优良______桩,优良率______%。</td></tr>
<tr><td>施工单位自评意见</td><td colspan="12">单元工程效果(或实体质量)检查符合______要求,______桩100%合格,其中优良桩占______%,各项报验资料______ SL 633—2012的要求。
单元工程质量等级评定为:__________。
(签字,加盖公章) 年 月 日</td></tr>
<tr><td>监理单位复核意见</td><td colspan="12">经进行单元工程效果(或实体质量)检查,符合______要求,______桩100%合格,其中优良桩占______%,各项报验资料______ SL 633—2012的要求。
单元工程质量等级评定为:__________。
(签字,加盖公章) 年 月 日</td></tr>
</table>

注:本表所填“单元工程量”不作为施工单位工程量结算计量的依据。

________________工程

表 4501.1 钻孔灌注桩工程单桩钻孔工序施工质量验收评定表

<table>
<tr><td colspan="2">单位工程名称</td><td colspan="2"></td><td>桩号及工序名称</td><td colspan="2"></td></tr>
<tr><td colspan="2">分部工程名称</td><td colspan="2"></td><td>施工单位</td><td colspan="2"></td></tr>
<tr><td colspan="2">单元工程名称、部位</td><td colspan="2"></td><td>施工日期</td><td colspan="2">年 月 日至 年 月 日</td></tr>
<tr><td colspan="2">项次</td><td>检验项目</td><td>质量要求</td><td>检查记录</td><td>合格数</td><td>合格率</td></tr>
<tr><td rowspan="5">主控项目</td><td>1</td><td>孔位偏差</td><td>符合设计和规范要求</td><td></td><td></td><td></td></tr>
<tr><td>2</td><td>孔深</td><td>符合设计要求</td><td></td><td></td><td></td></tr>
<tr><td>3</td><td>孔底沉渣厚度</td><td>端承桩不大于 50 mm,摩擦桩不大于 150 mm,摩擦端承桩、端承摩擦桩不大于 100 mm</td><td></td><td></td><td></td></tr>
<tr><td>4</td><td>垂直度偏差</td><td><1%</td><td></td><td></td><td></td></tr>
<tr><td>5</td><td>施工记录</td><td>齐全、准确、清晰</td><td></td><td></td><td></td></tr>
<tr><td rowspan="5">一般项目</td><td>1</td><td>孔径偏差</td><td>≤50 mm</td><td></td><td></td><td></td></tr>
<tr><td>2</td><td>孔内泥浆密度</td><td>≤1.25g/cm^3(黏土泥浆);
<1.15g/cm^3(膨润土泥浆)</td><td></td><td></td><td></td></tr>
<tr><td>3</td><td>孔内泥浆含砂率</td><td>≤8%(黏土泥浆);
<6%(膨润土泥浆)</td><td></td><td></td><td></td></tr>
<tr><td rowspan="2">4</td><td rowspan="2">孔内泥浆黏度</td><td>≤28 s(黏土泥浆)</td><td></td><td></td><td></td></tr>
<tr><td><22 s(膨润土泥浆)</td><td></td><td></td><td></td></tr>
<tr><td colspan="2">施工单位自评意见</td><td colspan="5">主控项目检验点全部合格,一般项目逐项检验点的合格率均不小于______%,且不合格检验点不集中分布,不合格点的质量______有关规范或设计要求的限值。各项报验资料______SL 633—2012 的要求。

工序质量等级评定为:____________。

(签字,加盖公章) 年 月 日</td></tr>
<tr><td colspan="2">监理单位复核意见</td><td colspan="5">经复核,主控项目检验点全部合格,一般项目逐项检验点的合格率均不小于______%,且不合格检验点不集中分布,不合格点的质量______有关规范或设计要求的限值。各项报验资料______SL 633—2012 的要求。

工序质量等级评定为:____________。

(签字,加盖公章) 年 月 日</td></tr>
</table>

________________工程

表 4501.2　钻孔灌注桩工程单桩钢筋笼制作及安装工序施工质量验收评定表

<table>
<tr><td colspan="3">单位工程名称</td><td></td><td>桩号及工序名称</td><td colspan="2"></td></tr>
<tr><td colspan="3">分部工程名称</td><td></td><td>施工单位</td><td colspan="2"></td></tr>
<tr><td colspan="3">单元工程名称、部位</td><td></td><td>施工日期</td><td colspan="2">年　月　日至　　年　月　日</td></tr>
<tr><td colspan="2">项次</td><td>检验项目</td><td>质量要求</td><td>检查记录</td><td>合格数</td><td>合格率</td></tr>
<tr><td rowspan="3">主控项目</td><td>1</td><td>主筋间距偏差</td><td>≤10 mm</td><td></td><td></td><td></td></tr>
<tr><td>2</td><td>钢筋笼长度偏差</td><td>≤100 mm</td><td></td><td></td><td></td></tr>
<tr><td>3</td><td>施工记录</td><td>齐全、准确、清晰</td><td></td><td></td><td></td></tr>
<tr><td rowspan="3">一般项目</td><td>1</td><td>箍筋间距或螺旋筋螺距偏差</td><td>≤20 mm</td><td></td><td></td><td></td></tr>
<tr><td>2</td><td>钢筋笼直径偏差</td><td>≤10 mm</td><td></td><td></td><td></td></tr>
<tr><td>3</td><td>钢筋笼安放偏差</td><td>符合设计或规范要求</td><td></td><td></td><td></td></tr>
<tr><td>施工单位自评意见</td><td colspan="6">主控项目检验点全部合格，一般项目逐项检验点的合格率均不小于_______%，且不合格检验点不集中分布，不合格点的质量_______有关规范或设计要求的限值。各项报验资料_______SL 633—2012 的要求。
工序质量等级评定为：______________。
（签字，加盖公章）　　　年　月　日</td></tr>
<tr><td>监理单位复核意见</td><td colspan="6">经复核，主控项目检验点全部合格，一般项目逐项检验点的合格率均不小于_______%，且不合格检验点不集中分布，不合格点的质量_______有关规范或设计要求的限值。各项报验资料_______SL 633—2012 的要求。
工序质量等级评定为：______________。
（签字，加盖公章）　　　年　月　日</td></tr>
</table>

________工程

表 4501.3　钻孔灌注桩工程单桩混凝土浇筑工序施工质量验收评定表

<table>
<tr><td colspan="2">单位工程名称</td><td></td><td>桩号及工序名称</td><td colspan="3"></td></tr>
<tr><td colspan="2">分部工程名称</td><td></td><td>施工单位</td><td colspan="3"></td></tr>
<tr><td colspan="2">单元工程名称、部位</td><td></td><td>施工日期</td><td colspan="3">年　月　日至　　年　月　日</td></tr>
<tr><td colspan="2">项次</td><td>检验项目</td><td>质量要求</td><td>检查记录</td><td>合格数</td><td>合格率</td></tr>
<tr><td rowspan="4">主控项目</td><td>1</td><td>导管埋深</td><td>≥1 m,且不大于 6m</td><td></td><td></td><td></td></tr>
<tr><td>2</td><td>混凝土上升速度</td><td>≥2 m/h,或符合设计要求</td><td></td><td></td><td></td></tr>
<tr><td>3</td><td>混凝土抗压强度等</td><td>符合设计要求</td><td></td><td></td><td></td></tr>
<tr><td>4</td><td>施工记录</td><td>齐全、准确、清晰</td><td></td><td></td><td></td></tr>
<tr><td rowspan="4">一般项目</td><td>1</td><td>混凝土坍落度</td><td>18~22 cm</td><td></td><td></td><td></td></tr>
<tr><td>2</td><td>混凝土扩散度</td><td>34~38 cm</td><td></td><td></td><td></td></tr>
<tr><td>3</td><td>浇筑最终高度</td><td>符合设计要求</td><td></td><td></td><td></td></tr>
<tr><td>4</td><td>充盈系数</td><td>>1</td><td></td><td></td><td></td></tr>
<tr><td colspan="2">施工单位自评意见</td><td colspan="5">主控项目检验点全部合格,一般项目逐项检验点的合格率均不小于______%,且不合格检验点不集中分布,不合格点的质量______有关规范或设计要求的限值。各项报验资料______SL 633—2012 的要求。

工序质量等级评定为:____________。

(签字,加盖公章)　　　　年　月　日</td></tr>
<tr><td colspan="2">监理单位复核意见</td><td colspan="5">经复核,主控项目检验点全部合格,一般项目逐项检验点的合格率均不小于______%,且不合格检验点不集中分布,不合格点的质量______有关规范或设计要求的限值。各项报验资料______SL 633—2012 的要求。

工序质量等级评定为:____________。

(签字,加盖公章)　　　　年　月　日</td></tr>
</table>

______________工程

表4502　振冲法地基加固单元工程施工质量验收评定表

<table>
<tr><td colspan="2">单位工程名称</td><td colspan="4"></td><td colspan="2">单元工程量</td><td colspan="4"></td></tr>
<tr><td colspan="2">分部工程名称</td><td colspan="4"></td><td colspan="2">施工单位</td><td colspan="4"></td></tr>
<tr><td colspan="2">单元工程名称、部位</td><td colspan="4"></td><td colspan="2">施工日期</td><td colspan="4">年　月　日至　年　月　日</td></tr>
<tr><td rowspan="2">桩号</td><td>桩数序号</td><td>1</td><td>2</td><td>3</td><td>4</td><td>5</td><td>6</td><td>7</td><td>8</td><td>9</td><td>10</td></tr>
<tr><td>钻孔编号</td><td></td><td></td><td></td><td></td><td></td><td></td><td></td><td></td><td></td><td></td></tr>
<tr><td colspan="2">单桩质量验收评定</td><td></td><td></td><td></td><td></td><td></td><td></td><td></td><td></td><td></td><td></td></tr>
<tr><td colspan="12">本单元工程内共有______桩，其中优良______桩，优良率______%。</td></tr>
<tr><td colspan="2" rowspan="3">单元工程效果（或实体质量）检查</td><td>1</td><td colspan="9"></td></tr>
<tr><td>2</td><td colspan="9"></td></tr>
<tr><td>⋮</td><td colspan="9"></td></tr>
<tr><td>施工单位自评意见</td><td colspan="11">单元工程效果（或实体质量）检查符合______要求，______桩100%合格，其中优良孔占______%，各项报验资料______SL 633—2012的要求。
单元工程质量等级评定为：__________。
（签字，加盖公章）　　年　月　日</td></tr>
<tr><td>监理单位复核意见</td><td colspan="11">经进行单元工程效果（或实体质量）检查符合______要求，______桩100%合格，其中优良孔占______%，各项报验资料______SL 633—2012的要求。
单元工程质量等级评定为：__________。
（签字，加盖公章）　　年　月　日</td></tr>
</table>

注：本表所填“单元工程量”不作为施工单位工程量结算计量的依据。

________________工程

表 4502.1　振冲法地基加固工程单桩施工质量验收评定表

<table>
<tr><td colspan="2">单位工程名称</td><td colspan="2"></td><td>桩号</td><td colspan="2"></td></tr>
<tr><td colspan="2">分部工程名称</td><td colspan="2"></td><td>施工单位</td><td colspan="2"></td></tr>
<tr><td colspan="2">单元工程名称、部位</td><td colspan="2"></td><td>施工日期</td><td colspan="2">年　月　日至　　年　月　日</td></tr>
<tr><td colspan="2">项次</td><td>检验项目</td><td>质量要求</td><td>检查记录</td><td>合格数</td><td>合格率</td></tr>
<tr><td rowspan="5">主控项目</td><td>1</td><td>填料质量</td><td>符合设计要求</td><td></td><td></td><td></td></tr>
<tr><td>2</td><td>填料数量</td><td>符合设计要求</td><td></td><td></td><td></td></tr>
<tr><td>3</td><td>有效加密电流</td><td>符合设计要求</td><td></td><td></td><td></td></tr>
<tr><td>4</td><td>留振时间</td><td>符合设计要求</td><td></td><td></td><td></td></tr>
<tr><td>5</td><td>施工记录</td><td>齐全、准确、清晰</td><td></td><td></td><td></td></tr>
<tr><td rowspan="6">一般项目</td><td>1</td><td>孔深</td><td>符合设计要求</td><td></td><td></td><td></td></tr>
<tr><td>2</td><td>造孔水压</td><td>符合设计要求</td><td></td><td></td><td></td></tr>
<tr><td>3</td><td>桩径偏差</td><td>符合设计要求</td><td></td><td></td><td></td></tr>
<tr><td>4</td><td>填料水压</td><td>符合设计要求</td><td></td><td></td><td></td></tr>
<tr><td>5</td><td>加密段长度</td><td>符合设计要求</td><td></td><td></td><td></td></tr>
<tr><td>6</td><td>桩中心位置偏差</td><td>符合设计和规范要求</td><td></td><td></td><td></td></tr>
<tr><td colspan="2">施工单位自评意见</td><td colspan="5">主控项目检验点全部合格，一般项目逐项检验点的合格率均不小于______%，且不合格检验点不集中分布，不合格点的质量______有关规范或设计要求的限值。各项报验资料______SL 633—2012 的要求。
单桩质量等级评定为：__________。
（签字，加盖公章）　　年　月　日</td></tr>
<tr><td colspan="2">监理单位复核意见</td><td colspan="5">经复核，主控项目检验点全部合格，一般项目逐项检验点的合格率均不小于______%，且不合格检验点不集中分布，不合格点的质量______有关规范或设计要求的限值。各项报验资料______SL 633—2012 的要求。
单桩质量等级评定为：__________。
（签字，加盖公章）　　年　月　日</td></tr>
</table>

________工程

表 4503　强夯法地基加固单元工程施工质量验收评定表

<table>
<tr><td colspan="2">单位工程名称</td><td colspan="2"></td><td>单元工程量</td><td colspan="3"></td></tr>
<tr><td colspan="2">分部工程名称</td><td colspan="2"></td><td>施工单位</td><td colspan="3"></td></tr>
<tr><td colspan="2">单元工程名称、部位</td><td colspan="2"></td><td>施工日期</td><td colspan="3">年　月　日至　年　月　日</td></tr>
<tr><td colspan="2">项次</td><td>检验项目</td><td>质量要求</td><td colspan="2">检查记录</td><td>合格数</td><td>合格率</td></tr>
<tr><td rowspan="6">主控项目</td><td>1</td><td>锤底面积、锤重</td><td>符合设计要求、锤重误差±100 kg</td><td colspan="2"></td><td></td><td></td></tr>
<tr><td>2</td><td>夯锤落距</td><td>符合设计要求，误差±300 mm</td><td colspan="2"></td><td></td><td></td></tr>
<tr><td>3</td><td>最后两击的平均夯沉量</td><td>符合设计要求</td><td colspan="2"></td><td></td><td></td></tr>
<tr><td>4</td><td>地基强度</td><td>符合设计要求</td><td colspan="2"></td><td></td><td></td></tr>
<tr><td>5</td><td>地基承载力</td><td>符合设计要求</td><td colspan="2"></td><td></td><td></td></tr>
<tr><td>6</td><td>施工记录</td><td>齐全、准确、清晰</td><td colspan="2"></td><td></td><td></td></tr>
<tr><td rowspan="5">一般项目</td><td>1</td><td>夯点的夯击次数</td><td>符合设计要求</td><td colspan="2"></td><td></td><td></td></tr>
<tr><td>2</td><td>夯击遍数及顺序</td><td>符合设计要求</td><td colspan="2"></td><td></td><td></td></tr>
<tr><td>3</td><td>夯点布置及夯点间距偏差</td><td>≤500 mm</td><td colspan="2"></td><td></td><td></td></tr>
<tr><td>4</td><td>夯击范围</td><td>符合设计要求</td><td colspan="2"></td><td></td><td></td></tr>
<tr><td>5</td><td>前后两遍间歇时间</td><td>符合设计要求</td><td colspan="2"></td><td></td><td></td></tr>
<tr><td>施工单位自评意见</td><td colspan="7">单元工程质量符合________要求，主控项目检验点全部合格；一般项目逐项检验点的合格率均不小于______%，且不合格检验点不集中分布，不合格点的质量______有关规范或设计要求的限值。各项报验资料______SL 633—2012 的要求。

单元工程质量等级评定为：__________。

（签字，加盖公章）　　年　月　日</td></tr>
<tr><td>监理单位复核意见</td><td colspan="7">经进行单元工程质量检查，符合______要求，主控项目检验点全部合格；一般项目逐项检验点的合格率均不小于______%，且不合格检验点不集中分布，不合格点的质量______有关规范或设计要求的限值。各项报验资料______SL 633—2012 的要求。

单元工程质量等级评定为：__________。

（签字，加盖公章）　　年　月　日</td></tr>
</table>

注：本表所填“单元工程量”不作为施工单位工程量结算计量的依据。

第 5 部分

堤防工程验收评定表

第 1 章　筑堤工程

表 5101　堤基清理单元工程施工质量验收评定表

表 5102　土料碾压筑堤单元工程施工质量验收评定表

表 5103　土料吹填筑堤单元工程施工质量验收评定表

表 5104　堤身与建筑物结合部填筑单元工程施工质量验收评定表

________________工程

表 5101　堤基清理单元工程施工质量验收评定表

<table>
<tr><td colspan="2">单位工程名称</td><td></td><td>单元工程量</td><td></td></tr>
<tr><td colspan="2">分部工程名称</td><td></td><td>施工单位</td><td></td></tr>
<tr><td colspan="2">单元工程名称、部位</td><td></td><td>施工日期</td><td>年　月　日至　　年　月　日</td></tr>
<tr><td>项次</td><td>工序名称(或编号)</td><td colspan="3">工序质量验收评定等级</td></tr>
<tr><td>1</td><td>基面清理</td><td colspan="3"></td></tr>
<tr><td>2</td><td>△基面平整压实</td><td colspan="3"></td></tr>
<tr><td>施工单位自评意见</td><td colspan="4">各工序施工质量全部合格,其中优良工序占________%,且主要工序达到________等级,各项报验资料________SL 634—2012 的要求。
单元工程质量等级评定为:________________。
(签字,加盖公章)　　　年　月　日</td></tr>
<tr><td>监理单位复核意见</td><td colspan="4">经抽查并查验相关检验报告和检验资料,各工序施工质量全部合格,其中优良工序占________%,且主要工序达到________等级,各项报验资料________SL 634—2012 的要求。
单元工程质量等级评定为:________________。
(签字,加盖公章)　　　年　月　日</td></tr>
</table>

注:本表所填“单元工程量”不作为施工单位工程量结算计量的依据。

________________工程

表 5101.1　基面清理工序施工质量验收评定表

<table>
<tr><td colspan="2">单位工程名称</td><td></td><td>工序编号</td><td colspan="3"></td></tr>
<tr><td colspan="2">分部工程名称</td><td></td><td>施工单位</td><td colspan="3"></td></tr>
<tr><td colspan="2">单元工程名称、部位</td><td></td><td>施工日期</td><td colspan="3">年　月　日至　年　月　日</td></tr>
<tr><td colspan="2">项次</td><td>检验项目</td><td>质量要求</td><td>检查记录</td><td>合格数</td><td>合格率</td></tr>
<tr><td rowspan="3">主控项目</td><td>1</td><td>表层清理</td><td>堤基表层的淤泥、腐殖土、泥炭土、草皮、树根、建筑垃圾等应清理干净</td><td></td><td></td><td></td></tr>
<tr><td>2</td><td>堤基内坑、槽、沟、穴等处理</td><td>按设计要求清理后回填、压实，并符合土料碾压筑堤的要求（表 D-1）</td><td></td><td></td><td></td></tr>
<tr><td>3</td><td>结合部处理</td><td>清除结合部表面杂物，并将结合部挖成台阶状</td><td></td><td></td><td></td></tr>
<tr><td>一般项目</td><td>1</td><td>清理范围</td><td>基面清理包括堤身、戗台、铺盖、盖重、堤岸防护工程的基面，其边界应在设计边线外 0.3~0.5 m；老堤加高培厚的清理尚应包括堤坡及堤顶等</td><td></td><td></td><td></td></tr>
<tr><td>施工单位自评意见</td><td colspan="6">主控项目检验点全部合格，一般项目逐项检验点的合格率均不小于______%，且不合格检验点不集中分布；各项报验资料______SL 634—2012 的要求。

工序质量等级评定为：__________。

（签字，加盖公章）　　年　月　日</td></tr>
<tr><td>监理单位复核意见</td><td colspan="6">经复核，主控项目检验点全部合格，一般项目逐项检验点的合格率均不小于______%，且不合格检验点不集中分布；各项报验资料______SL 634—2012 的要求。

工序质量等级评定为：__________。

（签字，加盖公章）　　年　月　日</td></tr>
</table>

______________工程

表 5101.2 基面平整压实工序施工质量验收评定表

<table>
<tr><td colspan="3">单位工程名称</td><td></td><td>工序编号</td><td colspan="3"></td></tr>
<tr><td colspan="3">分部工程名称</td><td></td><td>施工单位</td><td colspan="3"></td></tr>
<tr><td colspan="3">单元工程名称、部位</td><td></td><td>施工日期</td><td colspan="3">年 月 日至 年 月 日</td></tr>
<tr><td colspan="2">项次</td><td>检验项目</td><td colspan="2">质量要求</td><td>检查记录</td><td>合格数</td><td>合格率</td></tr>
<tr><td>主控项目</td><td>1</td><td>堤基表面压实</td><td colspan="2">堤基清理后应按堤身填筑要求压实，无松土、无弹簧土等，并符合土料碾压筑堤要求(表 D-1)</td><td></td><td></td><td></td></tr>
<tr><td>一般项目</td><td>1</td><td>基面平整</td><td colspan="2">基面应无明显凹凸</td><td></td><td></td><td></td></tr>
<tr><td>施工单位自评意见</td><td colspan="7">主控项目检验点全部合格，一般项目逐项检验点的合格率均不小于______%，且不合格检验点不集中分布；各项报验资料______SL 634—2012 的要求。

工序质量等级评定为：______________。

(签字，加盖公章) 年 月 日</td></tr>
<tr><td>监理单位复核意见</td><td colspan="7">经复核，主控项目检验点全部合格，一般项目逐项检验点的合格率均不小于______%，且不合格检验点不集中分布；各项报验资料______SL 634—2012 的要求。

工序质量等级评定为：______________。

(签字，加盖公章) 年 月 日</td></tr>
</table>

________工程

表 5102　土料碾压筑堤单元工程施工质量验收评定表

<table>
<tr><td colspan="2">单位工程名称</td><td></td><td>单元工程量</td><td></td></tr>
<tr><td colspan="2">分部工程名称</td><td></td><td>施工单位</td><td></td></tr>
<tr><td colspan="2">单元工程名称、部位</td><td></td><td>施工日期</td><td>年　月　日至　　年　月　日</td></tr>
<tr><td>项次</td><td>工序名称(或编号)</td><td colspan="3">工序质量验收评定等级</td></tr>
<tr><td>1</td><td>土料摊铺</td><td colspan="3"></td></tr>
<tr><td>2</td><td>△土料碾压</td><td colspan="3"></td></tr>
<tr><td>施工单位自评意见</td><td colspan="4">各工序施工质量全部合格,其中优良工序占________%,且主要工序达到________等级,各项报验资料________SL 634—2012 的要求。

单元工程质量等级评定为:________________。

(签字,加盖公章)　　　　年　月　日</td></tr>
<tr><td>监理单位复核意见</td><td colspan="4">经抽查并查验相关检验报告和检验资料,各工序施工质量全部合格,其中优良工序占________%,且主要工序达到________等级,各项报验资料________SL 634—2012 的要求。

单元工程质量等级评定为:________________。

(签字,加盖公章)　　　　年　月　日</td></tr>
</table>

注:本表所填“单元工程量”不作为施工单位工程量结算计量的依据。

________________工程

表 5102.1　土料摊铺工序施工质量验收评定表

<table>
<tr><td colspan="3">单位工程名称</td><td colspan="2"></td><td>工序编号</td><td colspan="2"></td></tr>
<tr><td colspan="3">分部工程名称</td><td colspan="2"></td><td>施工单位</td><td colspan="2"></td></tr>
<tr><td colspan="3">单元工程名称、部位</td><td colspan="2"></td><td>施工日期</td><td colspan="2">年　月　日至　　年　月　日</td></tr>
<tr><td colspan="2">项次</td><td>检验项目</td><td>质量要求</td><td colspan="2">检查记录</td><td>合格数</td><td>合格率</td></tr>
<tr><td rowspan="2">主控项目</td><td>1</td><td>土块直径</td><td>符合“铺料厚度和土块限制直径表”的要求(表 D-5)</td><td colspan="2"></td><td></td><td></td></tr>
<tr><td>2</td><td>铺土厚度</td><td>符合碾压试验或“铺料厚度和土块限制直径表”的要求,允许偏差-5.0~0 cm(表 D-5)</td><td colspan="2"></td><td></td><td></td></tr>
<tr><td rowspan="4">一般项目</td><td>1</td><td>作业面分段长度</td><td>人工作业不小于 50 m;机械作业不小于 100 m</td><td colspan="2"></td><td></td><td></td></tr>
<tr><td rowspan="3">2</td><td rowspan="3">铺填边线超宽值</td><td>人工铺料大于 10 cm;机械铺料大于 30 cm</td><td colspan="2"></td><td></td><td></td></tr>
<tr><td>防渗体:0~10 cm</td><td colspan="2"></td><td></td><td></td></tr>
<tr><td>包边盖顶:0~10 cm</td><td colspan="2"></td><td></td><td></td></tr>
<tr><td colspan="2">施工单位自评意见</td><td colspan="6">主控项目检验点全部合格,一般项目逐项检验点的合格率均不小于______%,且不合格检验点不集中分布;各项报验资料______SL 634—2012 的要求。
工序质量等级评定为:____________。
(签字,加盖公章)　　　年　月　日</td></tr>
<tr><td colspan="2">监理单位复核意见</td><td colspan="6">经复核,主控项目检验点全部合格,一般项目逐项检验点的合格率均不小于______%,且不合格检验点不集中分布;各项报验资料______SL 634—2012 的要求。
工序质量等级评定为:____________。
(签字,加盖公章)　　　年　月　日</td></tr>
</table>

________________工程

表 5102.2　土料碾压工序施工质量验收评定表

<table>
<tr><td colspan="3">单位工程名称</td><td colspan="2"></td><td>工序编号</td><td colspan="3"></td></tr>
<tr><td colspan="3">分部工程名称</td><td colspan="2"></td><td>施工单位</td><td colspan="3"></td></tr>
<tr><td colspan="3">单元工程名称、部位</td><td colspan="2"></td><td>施工日期</td><td colspan="3">年　月　日至　年　月　日</td></tr>
<tr><td colspan="2">项次</td><td colspan="2">检验项目</td><td colspan="2">质量要求</td><td>检查记录</td><td>合格数</td><td>合格率</td></tr>
<tr><td>主控项目</td><td>1</td><td colspan="2">压实度或相对密度</td><td colspan="2">应符合设计要求和本说明中“土料填筑压实度或相对密度合格标准”的规定(表 D-1)</td><td></td><td></td><td></td></tr>
<tr><td rowspan="2">一般项目</td><td>1</td><td colspan="2">搭接碾压宽度</td><td colspan="2">平行堤轴线方向不小于 0.5 m;垂直堤轴线方向不小于 1.5 m</td><td></td><td></td><td></td></tr>
<tr><td>2</td><td colspan="2">碾压作业程序</td><td colspan="2">应符合《堤防工程施工规范》(SL 260)的规定</td><td></td><td></td><td></td></tr>
<tr><td colspan="2">施工单位自评意见</td><td colspan="7">主控项目检验点全部合格,一般项目逐项检验点的合格率均不小于_______%,且不合格检验点不集中分布;各项报验资料_______SL 634—2012 的要求。
工序质量等级评定为:______________。
(签字,加盖公章)　　年　月　日</td></tr>
<tr><td colspan="2">监理单位复核意见</td><td colspan="7">经复核,主控项目检验点全部合格,一般项目逐项检验点的合格率均不小于_______%,且不合格检验点不集中分布;各项报验资料_______SL 634—2012 的要求。
工序质量等级评定为:______________。
(签字,加盖公章)　　年　月　日</td></tr>
</table>

________工程

表 5103　土料吹填筑堤单元工程施工质量验收评定表

<table>
<tr><td colspan="2">单位工程名称</td><td></td><td>单元工程量</td><td></td></tr>
<tr><td colspan="2">分部工程名称</td><td></td><td>施工单位</td><td></td></tr>
<tr><td colspan="2">单元工程名称、部位</td><td></td><td>施工日期</td><td>年　月　日至　　年　月　日</td></tr>
<tr><td>项次</td><td>工序名称(或编号)</td><td colspan="3">工序质量验收评定等级</td></tr>
<tr><td>1</td><td>围堰修筑</td><td colspan="3"></td></tr>
<tr><td>2</td><td>△土料吹填</td><td colspan="3"></td></tr>
<tr><td>施工单位自评意见</td><td colspan="4">各工序施工质量全部合格,其中优良工序占________%,且主要工序达到________等级,各项报验资料________SL 634—2012 的要求。
单元工程质量等级评定为:______________。
(签字,加盖公章)　　　　年　月　日</td></tr>
<tr><td>监理单位复核意见</td><td colspan="4">经抽查并查验相关检验报告和检验资料,各工序施工质量全部合格,其中优良工序占________%,且主要工序达到________等级,各项报验资料________SL 634—2012 的要求。
单元工程质量等级评定为:______________。
(签字,加盖公章)　　　　年　月　日</td></tr>
</table>

注:本表所填“单元工程量”不作为施工单位工程量结算计量的依据。

________________工程

表 5103.1　围堰修筑工序施工质量验收评定表

单位工程名称			工序编号		
分部工程名称			施工单位		
单元工程名称、部位			施工日期	年　月　日至　年　月　日	

项次		检验项目	质量要求	检查记录	合格数	合格率
主控项目	1	铺土厚度	符合“铺料厚度和土块限制直径表”(表 D-5)的要求;允许偏差-5.0~0 cm			
主控项目	2	围堰压实	应符合设计要求和“土料填筑压实度或相对密度合格标准”中老堤加高培厚合格率的要求(表 D-1)			
一般项目	1	铺填边线超宽值	人工铺料大于 10 cm;机械铺料大于 30 cm			
一般项目	2	围堰取土坑距堰、堤脚距离	≥3 m			
施工单位自评意见	主控项目检验点全部合格,一般项目逐项检验点的合格率均不小于________%,且不合格检验点不集中分布;各项报验资料________SL 634—2012 的要求。 工序质量等级评定为:______________。 (签字,加盖公章)　　年　月　日					
监理单位复核意见	经复核,主控项目检验点全部合格,一般项目逐项检验点的合格率均不小于________%,且不合格检验点不集中分布;各项报验资料________SL 634—2012 的要求。 工序质量等级评定为:______________。 (签字,加盖公章)　　年　月　日					

________工程

表 5103.2　土料吹填工序施工质量验收评定表

<table>
<tr><td colspan="3">单位工程名称</td><td colspan="2"></td><td>工序编号</td><td colspan="2"></td></tr>
<tr><td colspan="3">分部工程名称</td><td colspan="2"></td><td>施工单位</td><td colspan="2"></td></tr>
<tr><td colspan="3">单元工程名称、部位</td><td colspan="2"></td><td>施工日期</td><td colspan="2">年　月　日至　年　月　日</td></tr>
<tr><td colspan="2">项次</td><td>检验项目</td><td>质量要求</td><td colspan="2">检查记录</td><td>合格数</td><td>合格率</td></tr>
<tr><td rowspan="2">主控项目</td><td>1</td><td>吹填干密度(除吹填筑新堤外,可不作要求)</td><td>符合设计要求</td><td colspan="2"></td><td></td><td></td></tr>
<tr><td>2</td><td>吹填高程</td><td>允许偏差 0～+0.3 m</td><td colspan="2"></td><td></td><td></td></tr>
<tr><td>一般项目</td><td>1</td><td>输泥管出口位置</td><td>合理安放、适时调整,吹填区沿程沉积的泥沙颗粒无显著差异</td><td colspan="2"></td><td></td><td></td></tr>
<tr><td colspan="2">施工单位自评意见</td><td colspan="6">主控项目检验点全部合格,一般项目逐项检验点的合格率均不小于____%,且不合格检验点不集中分布;各项报验资料____SL 634—2012 的要求。
工序质量等级评定为:________。
(签字,加盖公章)　年　月　日</td></tr>
<tr><td colspan="2">监理单位复核意见</td><td colspan="6">经复核,主控项目检验点全部合格,一般项目逐项检验点的合格率均不小于____%,且不合格检验点不集中分布;各项报验资料____SL 634—2012 的要求。
工序质量等级评定为:________。
(签字,加盖公章)　年　月　日</td></tr>
</table>

________工程

表 5104 堤身与建筑物结合部填筑单元工程施工质量验收评定表

<table>
<tr><td colspan="2">单位工程名称</td><td></td><td>单元工程量</td><td></td></tr>
<tr><td colspan="2">分部工程名称</td><td></td><td>施工单位</td><td></td></tr>
<tr><td colspan="2">单元工程名称、部位</td><td></td><td>施工日期</td><td>年 月 日至 年 月 日</td></tr>
<tr><td>项次</td><td>工序名称(或编号)</td><td colspan="3">工序质量验收评定等级</td></tr>
<tr><td>1</td><td>建筑物表面涂浆</td><td colspan="3"></td></tr>
<tr><td>2</td><td>△结合部填筑</td><td colspan="3"></td></tr>
<tr><td>施工单位自评意见</td><td colspan="4">各工序施工质量全部合格,其中优良工序占____%,且主要工序达到____等级。各项报验资料____SL 634—2012 的要求。
单元工程质量等级评定为:________。
(签字,加盖公章) 年 月 日</td></tr>
<tr><td>监理单位复核意见</td><td colspan="4">经抽查并查验相关检验报告和检验资料,各工序施工质量全部合格,其中优良工序占____%,且主要工序达到____等级。各项报验资料____SL 634—2012 的要求。
单元工程质量等级评定为:________。
(签字,加盖公章) 年 月 日</td></tr>
</table>

注:本表所填“单元工程量”不作为施工单位工程量结算计量的依据。

__________________工程

表 5104.1　建筑物表面涂浆工序施工质量验收评定表

<table>
<tr><td colspan="3">单位工程名称</td><td></td><td>工序编号</td><td colspan="2"></td></tr>
<tr><td colspan="3">分部工程名称</td><td></td><td>施工单位</td><td colspan="2"></td></tr>
<tr><td colspan="3">单元工程名称、部位</td><td></td><td>施工日期</td><td colspan="2">年　月　日至　　年　月　日</td></tr>
<tr><td colspan="2">项次</td><td>检验项目</td><td>质量要求</td><td>检查记录</td><td>合格数</td><td>合格率</td></tr>
<tr><td>主控项目</td><td>1</td><td>制浆土料</td><td>符合设计要求；塑性指数 I_P>17</td><td></td><td></td><td></td></tr>
<tr><td rowspan="4">一般项目</td><td>1</td><td>建筑物表面清理</td><td>清除建筑物表面乳皮、粉尘及附着杂物</td><td></td><td></td><td></td></tr>
<tr><td>2</td><td>涂层泥浆浓度</td><td>水土重量比为 1:2.5~1:3.0</td><td></td><td></td><td></td></tr>
<tr><td>3</td><td>涂浆操作</td><td>建筑物表面洒水，涂浆高度与铺土厚度一致，且保持涂浆层湿润</td><td></td><td></td><td></td></tr>
<tr><td>4</td><td>涂层厚度</td><td>3~5 mm</td><td></td><td></td><td></td></tr>
<tr><td colspan="2">施工单位自评意见</td><td colspan="5">主控项目检验点全部合格，一般项目逐项检验点的合格率均不小于________%，且不合格检验点不集中分布；各项报验资料________SL 634—2012 的要求。

工序质量等级评定为：________________。

（签字，加盖公章）　　　　年　月　日</td></tr>
<tr><td colspan="2">监理单位复核意见</td><td colspan="5">经复核，主控项目检验点全部合格，一般项目逐项检验点的合格率均不小于________%，且不合格检验点不集中分布；各项报验资料________SL 634—2012 的要求。

工序质量等级评定为：________________。

（签字，加盖公章）　　　　年　月　日</td></tr>
</table>

______________工程

表 5104.2　结合部填筑工序施工质量验收评定表

<table>
<tr><td colspan="3">单位工程名称</td><td></td><td>工序编号</td><td colspan="3"></td></tr>
<tr><td colspan="3">分部工程名称</td><td></td><td>施工单位</td><td colspan="3"></td></tr>
<tr><td colspan="3">单元工程名称、部位</td><td></td><td>施工日期</td><td colspan="3">年　月　日至　年　月　日</td></tr>
<tr><td colspan="2">项次</td><td>检验项目</td><td>质量要求</td><td colspan="2">检查记录</td><td>合格数</td><td>合格率</td></tr>
<tr><td rowspan="3">主控项目</td><td>1</td><td>土块直径</td><td><5 cm</td><td colspan="2"></td><td></td><td></td></tr>
<tr><td>2</td><td>铺土厚度</td><td>15~20 cm</td><td colspan="2"></td><td></td><td></td></tr>
<tr><td>3</td><td>土料填筑压实度</td><td>符合设计和“土料填筑压实度或相对密度合格标准”中新筑堤的要求(表 D-1)</td><td colspan="2"></td><td></td><td></td></tr>
<tr><td>一般项目</td><td>1</td><td>铺填边线超宽值</td><td>人工铺料大于 10 cm;机械铺料大于 30 cm</td><td colspan="2"></td><td></td><td></td></tr>
<tr><td>施工单位自评意见</td><td colspan="7">主控项目检验点全部合格,一般项目逐项检验点的合格率均不小于_______%,且不合格检验点不集中分布;各项报验资料_______SL 634—2012 的要求。
工序质量等级评定为:_______________。
(签字,加盖公章)　　年　月　日</td></tr>
<tr><td>监理单位复核意见</td><td colspan="7">经复核,主控项目检验点全部合格,一般项目逐项检验点的合格率均不小于_______%,且不合格检验点不集中分布;各项报验资料_______SL 634—2012 的要求。
工序质量等级评定为:_______________。
(签字,加盖公章)　　年　月　日</td></tr>
</table>

第 2 章　护坡工程

表 5201　防冲体护脚单元工程施工质量验收评表
表 5202　沉排护脚单元工程施工质量验收评定表
表 5203　护坡砂(石)垫层单元工程施工质量验收评定表
表 5204　土工织物铺设单元工程施工质量验收评定表
表 5205　毛石粗排护坡单元工程施工质量验收评定表
表 5206　石笼护坡单元工程施工质量验收评定表
表 5207　干砌石护坡单元工程施工质量验收评定表
表 5208　浆砌石护坡单元工程施工质量验收评定表
表 5209　混凝土预制块护坡单元工程施工质量验收评定表
表 5210　现浇混凝土护坡单元工程施工质量验收评定表
表 5211　模袋混凝土护坡单元工程施工质量验收评定表
表 5212　灌砌石护坡单元工程施工质量验收评定表
表 5213　植草护坡单元工程施工质量验收评定表
表 5214　防浪护堤林单元工程施工质量验收评定表

________________工程

表 5201　防冲体护脚单元工程施工质量验收评定表

<table>
<tr><td colspan="3">单位工程名称</td><td></td><td>单元工程量</td><td></td></tr>
<tr><td colspan="3">分部工程名称</td><td></td><td>施工单位</td><td></td></tr>
<tr><td colspan="3">单元工程名称、部位</td><td></td><td>施工日期</td><td>年　月　日至　　年　月　日</td></tr>
<tr><td>项次</td><td colspan="2">工序名称(或编号)</td><td colspan="3">工序质量验收评定等级</td></tr>
<tr><td rowspan="5">1</td><td rowspan="5">防冲体制</td><td>散抛石</td><td colspan="3"></td></tr>
<tr><td>石笼</td><td colspan="3"></td></tr>
<tr><td>预制件</td><td colspan="3"></td></tr>
<tr><td>土工袋(包)</td><td colspan="3"></td></tr>
<tr><td>柴枕</td><td colspan="3"></td></tr>
<tr><td>2</td><td colspan="2">△防冲体抛投</td><td colspan="3"></td></tr>
<tr><td>施工单位自评意见</td><td colspan="5">各工序施工质量全部合格,其中优良工序占________%,且主要工序达到________等级。各项报验资料________SL 634—2012 的要求。

单元工程质量等级评定为:________________。

(签字,加盖公章)　　　年　月　日</td></tr>
<tr><td>监理单位复核意见</td><td colspan="5">经抽查并查验相关检验报告和检验资料,各工序施工质量全部合格,其中优良工序占________%,且主要工序达到________等级。各项报验资料________SL 634—2012 的要求。

单元工程质量等级评定为:________________。

(签字,加盖公章)　　　年　月　日</td></tr>
</table>

注:本表所填“单元工程量”不作为施工单位工程量结算计量的依据。

________工程

表 5201.1-1 散抛石护脚工序施工质量验收评定表

<table>
<tr><td colspan="2">单位工程名称</td><td></td><td>工序编号</td><td colspan="2"></td></tr>
<tr><td colspan="2">分部工程名称</td><td></td><td>施工单位</td><td colspan="2"></td></tr>
<tr><td colspan="2">单元工程名称、部位</td><td></td><td>施工日期</td><td colspan="2">年 月 日至 年 月 日</td></tr>
<tr><td colspan="2">项次</td><td>检验项目</td><td>质量要求</td><td>检查记录</td><td>合格数</td><td>合格率</td></tr>
<tr><td>一般项目</td><td>1</td><td>石料的块重</td><td>符合设计要求</td><td></td><td></td><td></td></tr>
<tr><td>施工单位自评意见</td><td colspan="6">主控项目检验点全部合格，一般项目逐项检验点的合格率均不小于____%，且不合格检验点不集中分布；各项报验资料____SL 634—2012 的要求。
工序质量等级评定为：________。
（签字，加盖公章） 年 月 日</td></tr>
<tr><td>监理单位复核意见</td><td colspan="6">经复核，主控项目检验点全部合格，一般项目逐项检验点的合格率均不小于____%，且不合格检验点不集中分布；各项报验资料____SL 634—2012 的要求。
工序质量等级评定为：________。
（签字，加盖公章） 年 月 日</td></tr>
</table>

______________工程

表 5201.1-2 石笼防冲体制备工序施工质量验收评定表

<table>
<tr><td colspan="3">单位工程名称</td><td></td><td>工序编号</td><td colspan="2"></td></tr>
<tr><td colspan="3">分部工程名称</td><td></td><td>施工单位</td><td colspan="2"></td></tr>
<tr><td colspan="3">单元工程名称、部位</td><td></td><td>施工日期</td><td colspan="2">年 月 日至 年 月 日</td></tr>
<tr><td colspan="2">项次</td><td>检验项目</td><td>质量要求</td><td>检查记录</td><td>合格数</td><td>合格率</td></tr>
<tr><td>主控项目</td><td>1</td><td>钢筋(丝)笼网目尺寸</td><td>不大于填充块石的最小块径</td><td></td><td></td><td></td></tr>
<tr><td>一般项目</td><td>1</td><td>防冲体体积</td><td>符合设计要求;允许偏差0~+10%</td><td></td><td></td><td></td></tr>
<tr><td colspan="2">施工单位自评意见</td><td colspan="5">主控项目检验点全部合格,一般项目逐项检验点的合格率均不小于______%,且不合格检验点不集中分布;各项报验资料______SL 634—2012 的要求。

工序质量等级评定为:______________。

(签字,加盖公章) 年 月 日</td></tr>
<tr><td colspan="2">监理单位复核意见</td><td colspan="5">经复核,主控项目检验点全部合格,一般项目逐项检验点的合格率均不小于______%,且不合格检验点不集中分布;各项报验资料______SL 634—2012 的要求。

工序质量等级评定为:______________。

(签字,加盖公章) 年 月 日</td></tr>
</table>

________________工程

表 5201.1-3　预制件防冲体制备工序施工质量验收评定表

<table>
<tr><td colspan="2">单位工程名称</td><td colspan="2"></td><td>工序编号</td><td colspan="3"></td></tr>
<tr><td colspan="2">分部工程名称</td><td colspan="2"></td><td>施工单位</td><td colspan="3"></td></tr>
<tr><td colspan="2">单元工程名称、部位</td><td colspan="2"></td><td>施工日期</td><td colspan="3">年　月　日至　　年　月　日</td></tr>
<tr><td colspan="2">项次</td><td>检验项目</td><td>质量要求</td><td colspan="2">检查记录</td><td>合格数</td><td>合格率</td></tr>
<tr><td>主控项目</td><td>1</td><td>预制件防冲体尺寸</td><td>不小于设计值</td><td colspan="2"></td><td></td><td></td></tr>
<tr><td>一般项目</td><td>1</td><td>预制件防冲体外观</td><td>无断裂、无严重破损</td><td colspan="2"></td><td></td><td></td></tr>
<tr><td colspan="2">施工单位自评意见</td><td colspan="6">主控项目检验点全部合格，一般项目逐项检验点的合格率均不小于________%，且不合格检验点不集中分布；各项报验资料________SL 634—2012 的要求。

工序质量等级评定为：________________。

（签字，加盖公章）　　　　年　月　日</td></tr>
<tr><td colspan="2">监理单位复核意见</td><td colspan="6">经复核，主控项目检验点全部合格，一般项目逐项检验点的合格率均不小于________%，且不合格检验点不集中分布；各项报验资料________SL 634—2012 的要求。

工序质量等级评定为：________________。

（签字，加盖公章）　　　　年　月　日</td></tr>
</table>

________________工程

表 5201.1-4　土工袋(包)防冲体制备工序施工质量验收评定表

<table>
<tr><td colspan="2">单位工程名称</td><td colspan="2"></td><td>工序编号</td><td colspan="3"></td></tr>
<tr><td colspan="2">分部工程名称</td><td colspan="2"></td><td>施工单位</td><td colspan="3"></td></tr>
<tr><td colspan="2">单元工程名称、部位</td><td colspan="2"></td><td>施工日期</td><td colspan="3">年　月　日至　　年　月　日</td></tr>
<tr><td colspan="2">项次</td><td>检验项目</td><td>质量要求</td><td colspan="2">检查记录</td><td>合格数</td><td>合格率</td></tr>
<tr><td>主控项目</td><td>1</td><td>土工袋(包)封口</td><td>封口应牢固</td><td colspan="2"></td><td></td><td></td></tr>
<tr><td>一般项目</td><td>1</td><td>土工袋(包)充填度</td><td>70%~80%</td><td colspan="2"></td><td></td><td></td></tr>
<tr><td colspan="2">施工单位自评意见</td><td colspan="6">主控项目检验点全部合格,一般项目逐项检验点的合格率均不小于________%,且不合格检验点不集中分布;各项报验资料________SL 634—2012 的要求。

工序质量等级评定为:______________。

(签字,加盖公章)　　　　年　月　日</td></tr>
<tr><td colspan="2">监理单位复核意见</td><td colspan="6">经复核,主控项目检验点全部合格,一般项目逐项检验点的合格率均不小于________%,且不合格检验点不集中分布;各项报验资料________SL 634—2012 的要求。

工序质量等级评定为:______________。

(签字,加盖公章)　　　　年　月　日</td></tr>
</table>

________________工程

表 5201.1-5　柴枕防冲体制备工序施工质量验收评定表

<table>
<tr><td colspan="3">单位工程名称</td><td></td><td>工序编号</td><td colspan="2"></td></tr>
<tr><td colspan="3">分部工程名称</td><td></td><td>施工单位</td><td colspan="2"></td></tr>
<tr><td colspan="3">单元工程名称、部位</td><td></td><td>施工日期</td><td colspan="2">年　月　日至　年　月　日</td></tr>
<tr><td colspan="2">项次</td><td>检验项目</td><td>质量要求</td><td>检查记录</td><td>合格数</td><td>合格率</td></tr>
<tr><td rowspan="2">主控项目</td><td>1</td><td>柴枕的长度和直径</td><td>不小于设计值</td><td></td><td></td><td></td></tr>
<tr><td>2</td><td>石料用量</td><td>符合设计要求</td><td></td><td></td><td></td></tr>
<tr><td>一般项目</td><td>1</td><td>捆枕工艺</td><td>符合《堤防工程施工规范》(SL 260)的要求</td><td></td><td></td><td></td></tr>
<tr><td>施工单位自评意见</td><td colspan="6">主控项目检验点全部合格，一般项目逐项检验点的合格率均不小于______%，且不合格检验点不集中分布；各项报验资料______SL 634—2012 的要求。

工序质量等级评定为：____________。

(签字，加盖公章)　　　年　月　日</td></tr>
<tr><td>监理单位复核意见</td><td colspan="6">经复核，主控项目检验点全部合格，一般项目逐项检验点的合格率均不小于______%，且不合格检验点不集中分布；各项报验资料______SL 634—2012 的要求。

工序质量等级评定为：____________。

(签字，加盖公章)　　　年　月　日</td></tr>
</table>

________________工程

表 5201.2 防冲体抛投工序施工质量验收评定表

<table>
<tr><td colspan="3">单位工程名称</td><td></td><td>工序编号</td><td colspan="2"></td></tr>
<tr><td colspan="3">分部工程名称</td><td></td><td>施工单位</td><td colspan="2"></td></tr>
<tr><td colspan="3">单元工程名称、部位</td><td></td><td>施工日期</td><td colspan="2">年 月 日至 年 月 日</td></tr>
<tr><td colspan="2">项次</td><td>检验项目</td><td>质量要求</td><td>检查记录</td><td>合格数</td><td>合格率</td></tr>
<tr><td rowspan="2">主控项目</td><td>1</td><td>抛投数量</td><td>符合设计要求,允许偏差为0~+10%</td><td></td><td></td><td></td></tr>
<tr><td>2</td><td>抛投程序</td><td>符合《堤防工程施工规范》(SL 260)或抛投试验的要求</td><td></td><td></td><td></td></tr>
<tr><td>一般项目</td><td>1</td><td>抛投断面</td><td>符合设计要求</td><td></td><td></td><td></td></tr>
<tr><td colspan="2">施工单位自评意见</td><td colspan="5">主控项目检验点全部合格,一般项目逐项检验点的合格率均不小于______%,且不合格检验点不集中分布;各项报验资料______SL 634—2012 的要求。
工序质量等级评定为:__________。
(签字,加盖公章) 年 月 日</td></tr>
<tr><td colspan="2">监理单位复核意见</td><td colspan="5">经复核,主控项目检验点全部合格,一般项目逐项检验点的合格率均不小于______%,且不合格检验点不集中分布;各项报验资料______SL 634—2012 的要求。
工序质量等级评定为:__________。
(签字,加盖公章) 年 月 日</td></tr>
</table>

________________工程

表 5202　沉排护脚单元工程施工质量验收评定表

<table>
<tr><td colspan="2">单位工程名称</td><td></td><td>单元工程量</td><td></td></tr>
<tr><td colspan="2">分部工程名称</td><td></td><td>施工单位</td><td></td></tr>
<tr><td colspan="2">单元工程名称、部位</td><td></td><td>施工日期</td><td>年　月　日至　　年　月　日</td></tr>
<tr><td>项次</td><td>工序名称(或编号)</td><td colspan="3">工序质量验收评定等级</td></tr>
<tr><td>1</td><td>沉排锚定</td><td colspan="3"></td></tr>
<tr><td>2</td><td>△沉排铺设</td><td colspan="3"></td></tr>
<tr><td>施工单位自评意见</td><td colspan="4">各工序施工质量全部合格,其中优良工序占________%,且主要工序达到________等级,各项报验资料________SL 634—2012 的要求。

单元工程质量等级评定为:________________。

(签字,加盖公章)　　　　年　月　日</td></tr>
<tr><td>监理单位复核意见</td><td colspan="4">经抽查并查验相关检验报告和检验资料,各工序施工质量全部合格,其中优良工序占________%,且主要工序达到________等级,各项报验资料________SL 634—2012 的要求。

单元工程质量等级评定为:________________。

(签字,加盖公章)　　　　年　月　日</td></tr>
</table>

注:本表所填“单元工程量”不作为施工单位工程量结算计量的依据。

________________工程

表 5202.1　沉排锚定工序施工质量验收评定表

<table>
<tr><td colspan="3">单位工程名称</td><td></td><td>工序编号</td><td colspan="3"></td></tr>
<tr><td colspan="3">分部工程名称</td><td></td><td>施工单位</td><td colspan="3"></td></tr>
<tr><td colspan="3">单元工程名称、部位</td><td></td><td>施工日期</td><td colspan="3">年　月　日至　年　月　日</td></tr>
<tr><td colspan="2">项次</td><td>检验项目</td><td>质量要求</td><td colspan="2">检查记录</td><td>合格数</td><td>合格率</td></tr>
<tr><td>主控项目</td><td>1</td><td>系排梁、锚桩等锚定系统的制作</td><td>符合设计要求</td><td colspan="2"></td><td></td><td></td></tr>
<tr><td rowspan="2">一般项目</td><td>1</td><td>锚定系统平面位置及高程</td><td>允许偏差±10 cm</td><td colspan="2"></td><td></td><td></td></tr>
<tr><td>2</td><td>系排梁或锚桩尺寸</td><td>允许偏差±3 cm</td><td colspan="2"></td><td></td><td></td></tr>
<tr><td colspan="2">施工单位自评意见</td><td colspan="6">主控项目检验点全部合格，一般项目逐项检验点的合格率均不小于_______%，且不合格检验点不集中分布；各项报验资料_______SL 634—2012 的要求。

工序质量等级评定为：______________。

（签字，加盖公章）　　年　月　日</td></tr>
<tr><td colspan="2">监理单位复核意见</td><td colspan="6">经复核，主控项目检验点全部合格，一般项目逐项检验点的合格率均不小于_______%，且不合格检验点不集中分布；各项报验资料_______SL 634—2012 的要求。

工序质量等级评定为：______________。

（签字，加盖公章）　　年　月　日</td></tr>
</table>

________________工程

表 5202.2-1　旱地或冰上铺设铰链混凝土块沉排铺设工序施工质量验收评定表

<table>
<tr><td colspan="2">单位工程名称</td><td colspan="2"></td><td>工序编号</td><td colspan="2"></td></tr>
<tr><td colspan="2">分部工程名称</td><td colspan="2"></td><td>施工单位</td><td colspan="2"></td></tr>
<tr><td colspan="2">单元工程名称、部位</td><td colspan="2"></td><td>施工日期</td><td colspan="2">年　月　日至　　年　月　日</td></tr>
<tr><td colspan="2">项次</td><td>检验项目</td><td>质量要求</td><td>检查记录</td><td>合格数</td><td>合格率</td></tr>
<tr><td rowspan="2">主控项目</td><td>1</td><td>铰链混凝土块沉排制作与安装</td><td>符合设计要求</td><td></td><td></td><td></td></tr>
<tr><td>2</td><td>沉排搭接宽度</td><td>不小于设计值</td><td></td><td></td><td></td></tr>
<tr><td rowspan="2">一般项目</td><td>1</td><td>旱地沉排保护层厚度</td><td>不小于设计值</td><td></td><td></td><td></td></tr>
<tr><td>2</td><td>旱地沉排铺放高程</td><td>允许偏差±0.2 m</td><td></td><td></td><td></td></tr>
<tr><td>施工单位自评意见</td><td colspan="6">主控项目检验点全部合格，一般项目逐项检验点的合格率均不小于________%，且不合格检验点不集中分布；各项报验资料________SL 634—2012 的要求。

工序质量等级评定为：______________。

（签字，加盖公章）　　　　年　月　日</td></tr>
<tr><td>监理单位复核意见</td><td colspan="6">经复核，主控项目检验点全部合格，一般项目逐项检验点的合格率均不小于________%，且不合格检验点不集中分布；各项报验资料________SL 634—2012 的要求。

工序质量等级评定为：______________。

（签字，加盖公章）　　　　年　月　日</td></tr>
</table>

________工程

表 5202.2-2　水下铰链混凝土块沉排铺设工序施工质量验收评定表

<table>
<tr><td colspan="2">单位工程名称</td><td colspan="2"></td><td>工序编号</td><td colspan="3"></td></tr>
<tr><td colspan="2">分部工程名称</td><td colspan="2"></td><td>施工单位</td><td colspan="3"></td></tr>
<tr><td colspan="2">单元工程名称、部位</td><td colspan="2"></td><td>施工日期</td><td colspan="3">年　月　日至　年　月　日</td></tr>
<tr><td colspan="2">项次</td><td>检验项目</td><td>质量要求</td><td colspan="2">检查记录</td><td>合格数</td><td>合格率</td></tr>
<tr><td rowspan="2">主控项目</td><td>1</td><td>铰链混凝土块沉排制作与安装</td><td>符合设计要求</td><td colspan="2"></td><td></td><td></td></tr>
<tr><td>2</td><td>沉排搭接宽度</td><td>不小于设计值</td><td colspan="2"></td><td></td><td></td></tr>
<tr><td rowspan="2">一般项目</td><td>1</td><td>沉排船定位</td><td>符合设计和《堤防工程施工规范》(SL 260)的要求</td><td colspan="2"></td><td></td><td></td></tr>
<tr><td>2</td><td>铺排程序</td><td>符合《堤防工程施工规范》(SL 260)的要求</td><td colspan="2"></td><td></td><td></td></tr>
<tr><td>施工单位自评意见</td><td colspan="7">主控项目检验点全部合格,一般项目逐项检验点的合格率均不小于_______%,且不合格检验点不集中分布;各项报验资料_______SL 634—2012 的要求。

工序质量等级评定为:_____________。

(签字,加盖公章)　　　年　月　日</td></tr>
<tr><td>监理单位复核意见</td><td colspan="7">经复核,主控项目检验点全部合格,一般项目逐项检验点的合格率均不小于_______%,且不合格检验点不集中分布;各项报验资料_______SL 634—2012 的要求。

工序质量等级评定为:_____________。

(签字,加盖公章)　　　年　月　日</td></tr>
</table>

________________工程

表 5202.2-3 旱地或冰上土工织物软体沉排铺设工序施工质量验收评定表

<table>
<tr><td colspan="2">单位工程名称</td><td colspan="2"></td><td>工序编号</td><td colspan="3"></td></tr>
<tr><td colspan="2">分部工程名称</td><td colspan="2"></td><td>施工单位</td><td colspan="3"></td></tr>
<tr><td colspan="2">单元工程名称、部位</td><td colspan="2"></td><td>施工日期</td><td colspan="3">年 月 日至 年 月 日</td></tr>
<tr><td colspan="2">项次</td><td>检验项目</td><td>质量要求</td><td colspan="2">检查记录</td><td>合格数</td><td>合格率</td></tr>
<tr><td rowspan="2">主控项目</td><td>1</td><td>沉排搭接宽度</td><td>不小于设计值</td><td colspan="2"></td><td></td><td></td></tr>
<tr><td>2</td><td>软体排厚度</td><td>允许偏差±5%设计值</td><td colspan="2"></td><td></td><td></td></tr>
<tr><td rowspan="2">一般项目</td><td>1</td><td>旱地沉排铺放高程</td><td>允许偏差±0.2 m</td><td colspan="2"></td><td></td><td></td></tr>
<tr><td>2</td><td>旱地沉排保护层厚度</td><td>不小于设计值</td><td colspan="2"></td><td></td><td></td></tr>
<tr><td>施工单位自评意见</td><td colspan="7">主控项目检验点全部合格，一般项目逐项检验点的合格率均不小于________%，且不合格检验点不集中分布；各项报验资料________SL 634—2012 的要求。

工序质量等级评定为：________________。

（签字，加盖公章） 年 月 日</td></tr>
<tr><td>监理单位复核意见</td><td colspan="7">经复核，主控项目检验点全部合格，一般项目逐项检验点的合格率均不小于________%，且不合格检验点不集中分布；各项报验资料________SL 634—2012 的要求。

工序质量等级评定为：________________。

（签字，加盖公章） 年 月 日</td></tr>
</table>

________________工程

表 5202.2-4 水下土工织物软体沉排铺设工序施工质量验收评定表

<table>
<tr><td colspan="2">单位工程名称</td><td></td><td>工序编号</td><td colspan="3"></td></tr>
<tr><td colspan="2">分部工程名称</td><td></td><td>施工单位</td><td colspan="3"></td></tr>
<tr><td colspan="2">单元工程名称、部位</td><td></td><td>施工日期</td><td colspan="3">年 月 日至 年 月 日</td></tr>
<tr><td colspan="2">项次</td><td>检验项目</td><td>质量要求</td><td>检查记录</td><td>合格数</td><td>合格率</td></tr>
<tr><td rowspan="2">主控项目</td><td>1</td><td>沉排搭接宽度</td><td>不小于设计值</td><td></td><td></td><td></td></tr>
<tr><td>2</td><td>软体排厚度</td><td>允许偏差±5%设计值</td><td></td><td></td><td></td></tr>
<tr><td rowspan="2">一般项目</td><td>1</td><td>沉排船定位</td><td>符合设计和《堤防工程施工规范》(SL 260)的要求</td><td></td><td></td><td></td></tr>
<tr><td>2</td><td>铺排程序</td><td>符合《堤防工程施工规范》(SL 260)的要求</td><td></td><td></td><td></td></tr>
<tr><td colspan="2">施工单位自评意见</td><td colspan="5">主控项目检验点全部合格，一般项目逐项检验点的合格率均不小于_______%，且不合格检验点不集中分布；各项报验资料_______SL 634—2012 的要求。

工序质量等级评定为：______________。

（签字，加盖公章） 年 月 日</td></tr>
<tr><td colspan="2">监理单位复核意见</td><td colspan="5">经复核，主控项目检验点全部合格，一般项目逐项检验点的合格率均不小于_______%，且不合格检验点不集中分布；各项报验资料_______SL 634—2012 的要求。

工序质量等级评定为：______________。

（签字，加盖公章） 年 月 日</td></tr>
</table>

______________工程

表 5203　护坡砂(石)垫层单元工程施工质量验收评定表

单位工程名称			单元工程量		
分部工程名称			施工单位		
单元工程名称、部位			施工日期	年　月　日至　　年　月　日	
项次	检验项目	质量要求	检查记录	合格数	合格率
主控项目 1	砂、石级配	符合设计要求			
主控项目 2	砂、石垫层厚度	允许偏差±15%设计厚度			
一般项目 1	垫层基面表面平整度	符合设计要求			
一般项目 2	垫层基面坡度	符合设计要求			
施工单位自评意见	主控项目检验结果全部符合验收评定标准,一般项目逐项检验点的合格率均不小于______%。各项报验资料______SL 634—2012 的要求。 单元工程质量等级评定为:______________。 (签字,加盖公章)　　　年　月　日				
监理单位复核意见	经抽检并查验相关检验报告和检验资料,主控项目检验结果全部符合验收评定标准,一般项目逐项检验点的合格率均不小于______%。各项报验资料______SL 634—2012 的要求。 单元工程质量等级评定为:______________。 (签字,加盖公章)　　　年　月　日				

注:本表所填"单元工程量"不作为施工单位工程量结算计量的依据。

________工程

表 5204　土工织物铺设单元工程施工质量验收评定表

<table>
<tr><td colspan="3">单位工程名称</td><td></td><td>单元工程量</td><td colspan="3"></td></tr>
<tr><td colspan="3">分部工程名称</td><td></td><td>施工单位</td><td colspan="3"></td></tr>
<tr><td colspan="3">单元工程名称、部位</td><td></td><td>施工日期</td><td colspan="3">年　月　日至　年　月　日</td></tr>
<tr><td colspan="2">项次</td><td>检验项目</td><td>质量要求</td><td colspan="2">检查记录</td><td>合格数</td><td>合格率</td></tr>
<tr><td rowspan="2">主控项目</td><td>1</td><td>土工织物锚固</td><td rowspan="4">符合设计要求</td><td colspan="2"></td><td></td><td></td></tr>
<tr><td>2</td><td>垫层基面表面平整度</td><td colspan="2"></td><td></td><td></td></tr>
<tr><td rowspan="2">一般项目</td><td>1</td><td>垫层基面坡度</td><td colspan="2"></td><td></td><td></td></tr>
<tr><td>2</td><td>土工织物垫层连接方式和搭接长度</td><td colspan="2"></td><td></td><td></td></tr>
<tr><td colspan="2">施工单位自评意见</td><td colspan="6">主控项目检验结果全部符合验收评定标准，一般项目逐项检验点的合格率均不小于______%。各项报验资料______SL 634—2012 的要求。

单元工程质量等级评定为：__________。

（签字，加盖公章）　　年　月　日</td></tr>
<tr><td colspan="2">监理单位复核意见</td><td colspan="6">经抽检并查验相关检验报告和检验资料，主控项目检验结果全部符合验收评定标准，一般项目逐项检验点的合格率均不小于______%。各项报验资料______SL 634—2012 的要求。

单元工程质量等级评定为：__________。

（签字，加盖公章）　　年　月　日</td></tr>
</table>

注：本表所填“单元工程量”不作为施工单位工程量结算计量的依据。

________________工程

表 5205　毛石粗排护坡单元工程施工质量验收评定表

<table>
<tr><td colspan="2">单位工程名称</td><td colspan="2"></td><td>单元工程量</td><td colspan="3"></td></tr>
<tr><td colspan="2">分部工程名称</td><td colspan="2"></td><td>施工单位</td><td colspan="3"></td></tr>
<tr><td colspan="2">单元工程名称、部位</td><td colspan="2"></td><td>施工日期</td><td colspan="3">年　月　日至　　年　月　日</td></tr>
<tr><td colspan="2">项次</td><td>检验项目</td><td>质量要求</td><td colspan="2">检查记录</td><td>合格数</td><td>合格率</td></tr>
<tr><td>主控项目</td><td>1</td><td>护坡厚度</td><td>厚度小于 50 cm，允许偏差±5 cm；厚度大于 50 cm，允许偏差±10%</td><td colspan="2"></td><td></td><td></td></tr>
<tr><td rowspan="3">一般项目</td><td>1</td><td>坡面平整度</td><td>坡度平顺，允许偏差±10 cm</td><td colspan="2"></td><td></td><td></td></tr>
<tr><td>2</td><td>石料块重</td><td>符合设计要求</td><td colspan="2"></td><td></td><td></td></tr>
<tr><td>3</td><td>粗排质量</td><td>石块稳固、无松动</td><td colspan="2"></td><td></td><td></td></tr>
<tr><td>施工单位自评意见</td><td colspan="7">主控项目检验结果全部符合验收评定标准，一般项目逐项检验点的合格率均不小于______%。各项报验资料______SL 634—2012 的要求。

单元工程质量等级评定为：____________。

（签字，加盖公章）　　　年　月　日</td></tr>
<tr><td>监理单位复核意见</td><td colspan="7">经抽检并查验相关检验报告和检验资料，主控项目检验结果全部符合验收评定标准，一般项目逐项检验点的合格率均不小于______%。各项报验资料______SL 634—2012 的要求。

单元工程质量等级评定为：____________。

（签字，加盖公章）　　　年　月　日</td></tr>
</table>

注：本表所填“单元工程量”不作为施工单位工程量结算计量的依据。

________工程

表 5206　石笼护坡单元工程施工质量验收评定表

<table>
<tr><td colspan="3">单位工程名称</td><td></td><td>单元工程量</td><td colspan="2"></td></tr>
<tr><td colspan="3">分部工程名称</td><td></td><td>施工单位</td><td colspan="2"></td></tr>
<tr><td colspan="3">单元工程名称、部位</td><td></td><td>施工日期</td><td colspan="2">年　月　日至　年　月　日</td></tr>
<tr><td colspan="2">项次</td><td>检验项目</td><td>质量要求</td><td>检查记录</td><td>合格数</td><td>合格率</td></tr>
<tr><td>主控项目</td><td>1</td><td>护坡厚度</td><td>允许偏差±5 cm</td><td></td><td></td><td></td></tr>
<tr><td rowspan="3">一般项目</td><td>1</td><td>绑扎点间距</td><td>允许偏差±5 cm</td><td></td><td></td><td></td></tr>
<tr><td>2</td><td>坡面平整度</td><td>允许偏差±8 cm</td><td></td><td></td><td></td></tr>
<tr><td>3</td><td>有间隔网的网片间距</td><td>允许偏差±10 cm</td><td></td><td></td><td></td></tr>
<tr><td colspan="2">施工单位自评意见</td><td colspan="5">主控项目检验结果全部符合验收评定标准，一般项目逐项检验点的合格率均不小于______%。各项报验资料______SL 634—2012 的要求。
单元工程质量等级评定为：__________。
（签字，加盖公章）　　年　月　日</td></tr>
<tr><td colspan="2">监理单位复核意见</td><td colspan="5">经抽检并查验相关检验报告和检验资料，主控项目检验结果全部符合验收评定标准，一般项目逐项检验点的合格率均不小于______%。各项报验资料______SL 634—2012 的要求。
单元工程质量等级评定为：__________。
（签字，加盖公章）　　年　月　日</td></tr>
</table>

注：本表所填“单元工程量”不作为施工单位工程量结算计量的依据。

________________工程

表 5207　干砌石护坡单元工程施工质量验收评定表

<table>
<tr><td colspan="3">单位工程名称</td><td colspan="2"></td><td>单元工程量</td><td colspan="3"></td></tr>
<tr><td colspan="3">分部工程名称</td><td colspan="2"></td><td>施工单位</td><td colspan="3"></td></tr>
<tr><td colspan="3">单元工程名称、部位</td><td colspan="2"></td><td>施工日期</td><td colspan="3">年　月　日至　　年　月　日</td></tr>
<tr><td colspan="2">项次</td><td>检验项目</td><td colspan="2">质量要求</td><td colspan="2">检查记录</td><td>合格数</td><td>合格率</td></tr>
<tr><td rowspan="5">主控项目</td><td>1</td><td>护坡厚度</td><td colspan="2">厚度小于 50 cm，允许偏差±5 cm；厚度大于 50 cm，允许偏差±10%</td><td colspan="2"></td><td></td><td></td></tr>
<tr><td>2</td><td>坡面平整度</td><td colspan="2">允许偏差±8 cm</td><td colspan="2"></td><td></td><td></td></tr>
<tr><td rowspan="3">3</td><td rowspan="3">石料块重</td><td rowspan="3">除腹石和嵌缝石外，面石用料符合设计要求</td><td>1 级堤防合格率不应小于 90%</td><td colspan="2"></td><td></td><td></td></tr>
<tr><td>2 级堤防合格率不应小于 85%</td><td colspan="2"></td><td></td><td></td></tr>
<tr><td>3 级堤防合格率不应小于 80%</td><td colspan="2"></td><td></td><td></td></tr>
<tr><td rowspan="2">一般项目</td><td>1</td><td>砌石坡度</td><td colspan="2">不陡于设计坡度</td><td colspan="2"></td><td></td><td></td></tr>
<tr><td>2</td><td>砌筑质量</td><td colspan="2">石块稳固、无松动，无宽度在 1.5 cm 以上、长度在 50 cm 以上的连续缝</td><td colspan="2"></td><td></td><td></td></tr>
<tr><td colspan="2">施工单位自评意见</td><td colspan="7">主控项目检验结果全部符合验收评定标准，一般项目逐项检验点的合格率均不小于________%。各项报验资料________SL 634—2012 的要求。

单元工程质量等级评定为：________________。

（签字，加盖公章）　　　　年　月　日</td></tr>
<tr><td colspan="2">监理单位复核意见</td><td colspan="7">经抽检并查验相关检验报告和检验资料，主控项目检验结果全部符合验收评定标准，一般项目逐项检验点的合格率均不小于________%。各项报验资料________SL 634—2012 的要求。

单元工程质量等级评定为：________________。

（签字，加盖公章）　　　　年　月　日</td></tr>
</table>

注：本表所填“单元工程量”不作为施工单位工程量结算计量的依据。

______________工程

表 5208　浆砌石护坡单元工程施工质量验收评定表

<table>
<tr><td colspan="3">单位工程名称</td><td></td><td>单元工程量</td><td colspan="3"></td></tr>
<tr><td colspan="3">分部工程名称</td><td></td><td>施工单位</td><td colspan="3"></td></tr>
<tr><td colspan="3">单元工程名称、部位</td><td></td><td>施工日期</td><td colspan="3">年　月　日至　年　月　日</td></tr>
<tr><td colspan="2">项次</td><td>检验项目</td><td>质量要求</td><td colspan="2">检查记录</td><td>合格数</td><td>合格率</td></tr>
<tr><td rowspan="4">主控项目</td><td>1</td><td>护坡厚度</td><td>允许偏差±5 cm</td><td colspan="2"></td><td></td><td></td></tr>
<tr><td>2</td><td>坡面平整度</td><td>允许偏差±5 cm</td><td colspan="2"></td><td></td><td></td></tr>
<tr><td>3</td><td>排水孔反滤</td><td>符合设计要求</td><td colspan="2"></td><td></td><td></td></tr>
<tr><td>4</td><td>坐浆饱满度</td><td>大于 80%</td><td colspan="2"></td><td></td><td></td></tr>
<tr><td rowspan="3">一般项目</td><td>1</td><td>排水孔设置</td><td>连续贯通，孔径、孔距允许偏差±5%设计值</td><td colspan="2"></td><td></td><td></td></tr>
<tr><td>2</td><td>变形缝结构与填充质</td><td>符合设计要求</td><td colspan="2"></td><td></td><td></td></tr>
<tr><td>3</td><td>勾缝</td><td>应按平缝勾填，无开裂、脱皮现象</td><td colspan="2"></td><td></td><td></td></tr>
<tr><td>施工单位自评意见</td><td colspan="7">主控项目检验结果全部符合验收评定标准，一般项目逐项检验点的合格率均不小于______%。各项报验资料______SL 634—2012 的要求。
单元工程质量等级评定为：____________。
（签字，加盖公章）　　年　月　日</td></tr>
<tr><td>监理单位复核意见</td><td colspan="7">经抽检并查验相关检验报告和检验资料，主控项目检验结果全部符合验收评定标准，一般项目逐项检验点的合格率均不小于______%。各项报验资料______SL 634—2012 的要求。
单元工程质量等级评定为：____________。
（签字，加盖公章）　　年　月　日</td></tr>
</table>

注：本表所填“单元工程量”不作为施工单位工程量结算计量的依据。

________工程

表 5209　混凝土预制块护坡单元工程施工质量验收评定表

<table>
<tr><td colspan="3">单位工程名称</td><td></td><td>单元工程量</td><td colspan="3"></td></tr>
<tr><td colspan="3">分部工程名称</td><td></td><td>施工单位</td><td colspan="3"></td></tr>
<tr><td colspan="3">单元工程名称、部位</td><td></td><td>施工日期</td><td colspan="3">年　月　日至　年　月　日</td></tr>
<tr><td colspan="2">项次</td><td>检验项目</td><td>质量要求</td><td colspan="2">检查记录</td><td>合格数</td><td>合格率</td></tr>
<tr><td rowspan="2">主控项目</td><td>1</td><td>混凝土预制块外观及尺寸</td><td>符合设计要求，允许偏差为±5 mm，表面平整，无掉角、断裂</td><td colspan="2"></td><td></td><td></td></tr>
<tr><td>2</td><td>坡面平整度</td><td>允许偏差为±1 cm</td><td colspan="2"></td><td></td><td></td></tr>
<tr><td>一般项目</td><td>1</td><td>混凝土块铺筑</td><td>应平整、稳固、缝线规则</td><td colspan="2"></td><td></td><td></td></tr>
<tr><td>施工单位自评意见</td><td colspan="7">主控项目检验结果全部符合验收评定标准，一般项目逐项检验点的合格率均不小于____%。各项报验资料____SL 634—2012 的要求。
单元工程质量等级评定为：________。
（签字，加盖公章）　　年　月　日</td></tr>
<tr><td>监理单位复核意见</td><td colspan="7">经抽检并查验相关检验报告和检验资料，主控项目检验结果全部符合验收评定标准，一般项目逐项检验点的合格率均不小于____%。各项报验资料____SL 634—2012 的要求。
单元工程质量等级评定为：________。
（签字，加盖公章）　　年　月　日</td></tr>
</table>

注：本表所填“单元工程量”不作为施工单位工程量结算计量的依据。

________________工程

表 5210　现浇混凝土护坡单元工程施工质量验收评定表

<table>
<tr><td colspan="2">单位工程名称</td><td></td><td>单元工程量</td><td colspan="3"></td></tr>
<tr><td colspan="2">分部工程名称</td><td></td><td>施工单位</td><td colspan="3"></td></tr>
<tr><td colspan="2">单元工程名称、部位</td><td></td><td>施工日期</td><td colspan="3">年　月　日至　年　月　日</td></tr>
<tr><td colspan="2">项次</td><td>检验项目</td><td>质量要求</td><td>检查记录</td><td>合格数</td><td>合格率</td></tr>
<tr><td rowspan="2">主控项目</td><td>1</td><td>护坡厚度</td><td>允许偏差±1 cm</td><td></td><td></td><td></td></tr>
<tr><td>2</td><td>排水孔反滤层</td><td>符合设计要求</td><td></td><td></td><td></td></tr>
<tr><td rowspan="3">一般项目</td><td>1</td><td>坡面平整度</td><td>允许偏差±1 cm</td><td></td><td></td><td></td></tr>
<tr><td>2</td><td>排水孔设置</td><td>连续贯通，孔径、孔距允许偏差±5%设计值</td><td></td><td></td><td></td></tr>
<tr><td>3、</td><td>变形缝结构与填充质量</td><td>符合设计要求</td><td></td><td></td><td></td></tr>
<tr><td>施工单位自评意见</td><td colspan="6">主控项目检验结果全部符合验收评定标准，一般项目逐项检验点的合格率均不小于_______%。各项报验资料_______SL 634—2012 的要求。

单元工程质量等级评定为：_______________。

（签字，加盖公章）　　年　月　日</td></tr>
<tr><td>监理单位复核意见</td><td colspan="6">经抽检并查验相关检验报告和检验资料，主控项目检验结果全部符合验收评定标准，一般项目逐项检验点的合格率均不小于_______%。各项报验资料_______SL 634—2012 的要求。

单元工程质量等级评定为：_______________。

（签字，加盖公章）　　年　月　日</td></tr>
</table>

注：本表所填“单元工程量”不作为施工单位工程量结算计量的依据。

______________工程

表 5211　模袋混凝土护坡单元工程施工质量验收评定表

单位工程名称			单元工程量			
分部工程名称			施工单位			
单元工程名称、部位			施工日期	年　月　日至　年　月　日		
项次		检验项目	质量要求	检查记录	合格数	合格率
主控项目	1	模袋搭接和固定方式	符合设计要求			
	2	护坡厚度	允许偏差±5%设计值			
	3	排水孔反滤层	符合设计要求			
一般项目	1	排水孔设置	连续贯通，孔径、孔距允许偏差±5%设计值			
施工单位自评意见	主控项目检验结果全部符合验收评定标准，一般项目逐项检验点的合格率均不小于______%。各项报验资料______SL 634—2012 的要求。 单元工程质量等级评定为：____________。 （签字，加盖公章）　　年　月　日					
监理单位复核意见	经抽检并查验相关检验报告和检验资料，主控项目检验结果全部符合验收评定标准，一般项目逐项检验点的合格率均不小于______%。各项报验资料______SL 634—2012 的要求。 单元工程质量等级评定为：____________。 （签字，加盖公章）　　年　月　日					

注：本表所填“单元工程量”不作为施工单位工程量结算计量的依据。

________________工程

表 5212　灌砌石护坡单元工程施工质量验收评定表

<table>
<tr><td colspan="3">单位工程名称</td><td></td><td>单元工程量</td><td colspan="2"></td></tr>
<tr><td colspan="3">分部工程名称</td><td></td><td>施工单位</td><td colspan="2"></td></tr>
<tr><td colspan="3">单元工程名称、部位</td><td></td><td>施工日期</td><td colspan="2">年　月　日至　　年　月　日</td></tr>
<tr><td colspan="2">项次</td><td>检验项目</td><td>质量要求</td><td>检查记录</td><td>合格数</td><td>合格率</td></tr>
<tr><td rowspan="3">主控项目</td><td>1</td><td>细石混凝土填灌</td><td>均匀密实、饱满</td><td></td><td></td><td></td></tr>
<tr><td>2</td><td>排水孔反滤</td><td>符合设计要求</td><td></td><td></td><td></td></tr>
<tr><td>3</td><td>护坡厚度</td><td>允许偏差±5 cm</td><td></td><td></td><td></td></tr>
<tr><td rowspan="3">一般项目</td><td>1</td><td>坡面平整度</td><td>允许偏差±8 cm</td><td></td><td></td><td></td></tr>
<tr><td>2</td><td>排水孔设置</td><td>连续贯通，孔径、孔距允许偏差±5%设计值</td><td></td><td></td><td></td></tr>
<tr><td>3</td><td>变形缝结构与填充质量</td><td>符合设计要求</td><td></td><td></td><td></td></tr>
<tr><td colspan="2">施工单位自评意见</td><td colspan="5">主控项目检验结果全部符合验收评定标准，一般项目逐项检验点的合格率均不小于_______%。各项报验资料_______SL 634—2012 的要求。

单元工程质量等级评定为：____________。

（签字，加盖公章）　　　　年　月　日</td></tr>
<tr><td colspan="2">监理单位复核意见</td><td colspan="5">经抽检并查验相关检验报告和检验资料，主控项目检验结果全部符合验收评定标准，一般项目逐项检验点的合格率均不小于_______%。各项报验资料_______SL 634—2012 的要求。

单元工程质量等级评定为：____________。

（签字，加盖公章）　　　　年　月　日</td></tr>
</table>

注：本表所填“单元工程量”不作为施工单位工程量结算计量的依据。

________________工程

表 5213 植草护坡单元工程施工质量验收评定表

<table>
<tr><td colspan="3">单位工程名称</td><td></td><td>单元工程量</td><td colspan="2"></td></tr>
<tr><td colspan="3">分部工程名称</td><td></td><td>施工单位</td><td colspan="2"></td></tr>
<tr><td colspan="3">单元工程名称、部位</td><td></td><td>施工日期</td><td colspan="2">年 月 日至 年 月 日</td></tr>
<tr><td colspan="2">项次</td><td>检验项目</td><td>质量要求</td><td>检查记录</td><td>合格数</td><td>合格率</td></tr>
<tr><td>主控项目</td><td>1</td><td>坡面清理</td><td>符合设计要求</td><td></td><td></td><td></td></tr>
<tr><td rowspan="3">一般项目</td><td>1</td><td>铺植密度</td><td>符合设计要求</td><td></td><td></td><td></td></tr>
<tr><td>2</td><td>铺植范围</td><td>长度允许偏差±30 cm,宽度允许偏差±20 cm</td><td></td><td></td><td></td></tr>
<tr><td>3</td><td>排水沟</td><td>符合设计要求</td><td></td><td></td><td></td></tr>
<tr><td>施工单位自评意见</td><td colspan="6">主控项目检验结果全部符合验收评定标准,一般项目逐项检验点的合格率均不小于______%。各项报验资料______SL 634—2012 的要求。

单元工程质量等级评定为:____________。

(签字,加盖公章) 年 月 日</td></tr>
<tr><td>监理单位复核意见</td><td colspan="6">经抽检并查验相关检验报告和检验资料,主控项目检验结果全部符合验收评定标准,一般项目逐项检验点的合格率均不小于______%。各项报验资料______SL 634—2012 的要求。

单元工程质量等级评定为:____________。

(签字,加盖公章) 年 月 日</td></tr>
</table>

注:本表所填“单元工程量”不作为施工单位工程量结算计量的依据。

______________工程

表 5214 防浪护堤林单元工程施工质量验收评定表

<table>
<tr><td colspan="2">单位工程名称</td><td colspan="2"></td><td>单元工程量</td><td colspan="3"></td></tr>
<tr><td colspan="2">分部工程名称</td><td colspan="2"></td><td>施工单位</td><td colspan="3"></td></tr>
<tr><td colspan="2">单元工程名称、部位</td><td colspan="2"></td><td>施工日期</td><td colspan="3">年 月 日至 年 月 日</td></tr>
<tr><td colspan="2">项次</td><td>检验项目</td><td>质量要求</td><td colspan="2">检查记录</td><td>合格数</td><td>合格率</td></tr>
<tr><td rowspan="2">主控项目</td><td>1</td><td>苗木规格与品质</td><td>符合设计要求</td><td colspan="2"></td><td></td><td></td></tr>
<tr><td>2</td><td>株距、行距</td><td>允许偏差±10%设计值</td><td colspan="2"></td><td></td><td></td></tr>
<tr><td rowspan="3">一般项目</td><td>1</td><td>树坑尺寸</td><td>符合设计要求</td><td colspan="2"></td><td></td><td></td></tr>
<tr><td>2</td><td>种植范围</td><td>允许偏差不大于株距</td><td colspan="2"></td><td></td><td></td></tr>
<tr><td>3</td><td>树坑回填</td><td>符合设计要求</td><td colspan="2"></td><td></td><td></td></tr>
<tr><td>施工单位自评意见</td><td colspan="7">主控项目检验结果全部符合验收评定标准，一般项目逐项检验点的合格率均不小于______%。各项报验资料______SL 634—2012 的要求。
单元工程质量等级评定为：______________。
（签字，加盖公章） 年 月 日</td></tr>
<tr><td>监理单位复核意见</td><td colspan="7">经抽检并查验相关检验报告和检验资料，主控项目检验结果全部符合验收评定标准，一般项目逐项检验点的合格率均不小于______%。各项报验资料______SL 634—2012 的要求。
单元工程质量等级评定为：______________。
（签字，加盖公章） 年 月 日</td></tr>
</table>

注：本表所填“单元工程量”不作为施工单位工程量结算计量的依据。

第 3 章　河道疏浚工程

表 5301　河道疏浚单元工程施工质量验收评定表

______________工程

表 5301 河道疏浚单元工程施工质量验收评定表

<table>
<tr><td colspan="3">单位工程名称</td><td></td><td>单元工程量</td><td colspan="3"></td></tr>
<tr><td colspan="3">分部工程名称</td><td></td><td>施工单位</td><td colspan="3"></td></tr>
<tr><td colspan="3">单元工程名称、部位</td><td></td><td>施工日期</td><td colspan="3">年 月 日至 年 月 日</td></tr>
<tr><td colspan="2">项次</td><td>检验项目</td><td>质量要求</td><td colspan="2">检查记录</td><td>合格数</td><td>合格率</td></tr>
<tr><td rowspan="2">主控项目</td><td>1</td><td>河道过水断面面积</td><td>不小于设计断面面积</td><td colspan="2"></td><td></td><td></td></tr>
<tr><td>2</td><td>宽阔水域平均底高程</td><td>达到设计规定高程</td><td colspan="2"></td><td></td><td></td></tr>
<tr><td rowspan="4">一般项目</td><td>1</td><td>局部欠挖</td><td>深度小于 0.3 m,面积小于 5.0 m^2</td><td colspan="2"></td><td></td><td></td></tr>
<tr><td>2</td><td>开挖横断面每边最大允许超宽值、最大允许超深值[a]</td><td>符合设计和“开挖横断面每边最大允许超宽值和最大允许超深值”要求,超深、超宽不应危及堤防、护坡及岸边建筑物的安全</td><td colspan="2"></td><td></td><td></td></tr>
<tr><td>3</td><td>开挖轴线位置</td><td>符合设计要求</td><td colspan="2"></td><td></td><td></td></tr>
<tr><td>4</td><td>弃土处置</td><td>符合设计要求</td><td colspan="2"></td><td></td><td></td></tr>
<tr><td colspan="2">施工单位自评意见</td><td colspan="6">主控项目检验结果全部符合验收评定标准,一般项目逐项检验点的合格率均不小于______%。各项报验资料______SL 634—2012 的要求。
单元工程质量等级评定为:____________。
(签字,加盖公章) 年 月 日</td></tr>
<tr><td colspan="2">监理单位复核意见</td><td colspan="6">经抽检并查验相关检验报告和检验资料,主控项目检验结果全部符合验收评定标准,一般项目逐项检验点的合格率均不小于______%。各项报验资料______SL 634—2012 的要求。
单元工程质量等级评定为:____________。
(签字,加盖公章) 年 月 日</td></tr>
</table>

注:1.本表所填“单元工程量”不作为施工单位工程量结算计量的依据。

2.边坡如按梯形断面开挖时,可允许下超上欠,其断面超、欠面积比应大于 1,并控制在 1.5 以内。